U0264986

Photoshop
图像处理与制作

王才君/主编　周燕华 曾宽 钟星翔/编著

人民邮电出版社

北　京

图书在版编目（CIP）数据

Photoshop 图像处理与制作 / 王才君主编；周燕华,
曾宽, 钟星翔编著. -- 北京：人民邮电出版社,
2022.3
ISBN 978-7-115-57660-6

Ⅰ．①P… Ⅱ．①王… ②周… ③曾… ④钟… Ⅲ．①
图像处理软件 Ⅳ．①TP391.413

中国版本图书馆CIP数据核字(2021)第210531号

内 容 提 要

学习 Photoshop，不仅要学习如何操作，更应该学习利用 Photoshop 来解决实际工作中各种任务和问题的思路，即为什么这么操作。本书以实际工作中读者常面临的各种任务和问题为切入点，系统地介绍利用 Photoshop 进行图像处理与制作的方法、技巧和经验。

全书共 12 课，第 1 课讲解学习前读者应该了解的基础知识和核心学习方法，第 2 课讲解 Photoshop 的基础操作，第 3 课至第 12 课通过各种应用案例，分别讲解图层、选区、蒙版、调色、修图、合成、文字工具、图形工具组、时间轴、动作和批处理等方面的知识和应用技能。

本书内容由浅入深，知识讲解与实操训练相结合，案例贴合实际应用，零基础的读者也能通过学习本书快速上手解决工作中的常见问题。此外，本书配有视频课程、PPT 课件等教学资源，适合学校相关专业的师生使用。

◆ 主　　编　王才君
　　编　　著　周燕华　曾　宽　钟星翔
　　责任编辑　罗　芬
　　责任印制　胡　南

◆ 人民邮电出版社出版发行　北京市丰台区成寿寺路 11 号
　　邮编 100164　电子邮件 315@ptpress.com.cn
　　网址 https://www.ptpress.com.cn
　　临西县阅读时光印刷有限公司印刷

◆ 开本：700×1000　1/16
　　印张：13.25　　　　　　　　　　2022 年 3 月第 1 版
　　字数：193 千字　　　　　　　　 2022 年 3 月河北第 1 次印刷

定价：59.90 元

读者服务热线：(010)81055410　印装质量热线：(010)81055316
反盗版热线：(010)81055315
广告经营许可证：京东市监广登字 20170147 号

资源与支持

在应用商店中搜索下载"每日设计"App，打开 App，搜索书号"57660"，即可进入本书页面，获得全方位增值服务。

▌ 配套资源

① 导读音频：由作者讲解，介绍全书的精华内容。

② 配套讲义：对全书知识点的梳理及总结，方便读者更好地掌握学习重点。

③ 思维导图：通览全书讲解逻辑，帮助读者明确学习目标。

▌ 软件学习和作业提交

① 案例和练习题的素材文件和源文件：让实践之路畅通无阻，便于读者通过对比作者制作的效果，完善自己的作品。在"每日设计"App 本书页面的图书详情可以直接下载。

② 课堂练习的详细讲解视频：练习案例做不出来不用怕，详细讲解视频来帮忙。在"每日设计"App本书页面的"配套视频"栏目，读者可以在线观看全部配套视频。

③ 训练营：读者做完的案例和练习题可以打包提交到"每日设计"App 的"训练营"栏目，并可在此获得专业人士的点评。

▌ 拓展学习

① 热文推荐：在"每日设计"App 的"热文推荐"栏目，读者可以了解 Photoshop 的最新信息和操作技巧。

② 老师好课：在"每日设计"App 的"老师好课"栏目，读者可以学习其他相关的优质课程，全方位提高自己。

目录

第／**6**课

调色：让色彩更美、更真实

第／**7**课

修图：少点儿缺陷，多点儿美

第 / **11** 课

时间轴：让创意动起来

第 / **12** 课

动作和批处理：一天做 100 张图的秘密

学习前你不得不知的几件事

 每日设计

　　在互联网迅猛发展的时代，图像成为了人们获取信息的重要途径，因此处理图像也成为当代职场人必不可少的一项能力。Adobe旗下的Photoshop一直是处理图像最常用的软件，但如今Photoshop已经不再是设计行业的专属，"熟练掌握Photoshop"已经成为大部分行业招聘中重要的评判标准之一。

　　基于Photoshop的广泛使用，本课将带领读者认识它的厉害之处，同时也传授给读者快速提升图像处理能力的方法，以及工作接单中需要注意的事项。下面让我们一起开启Photoshop的学习之旅吧！

1.为什么要学Photoshop

　　Photoshop（以下简称Ps）是一款强大的图像处理软件，那么使用Ps具体可以做些什么，它能为工作提供怎样的帮助呢？下面我们就来详细地看一看。

修正拍摄失误和有瑕疵的图片

　　使用Ps可以修正拍摄工作的失误，例如拍歪了的风景照片，可以使用Ps中裁剪工具的拉直功能把它调正，如图1-1所示。

修改前　　　　　　　　　　　　　　　　　修改后　　　　　　　图1-1

　　网上得来的图片素材或者自己拍摄的图片可能会存在一些脏点或不美观的地方，这些瑕疵都可以使用Ps中的污点修复画笔等工具来修复，如图1-2所示。

修改前　　　　　　　　　　　　　　　　　修改后　　　　　　　图1-2

调整图片的色彩

拍摄美食并发布在社交平台是很多人记录生活的方式之一，人们对美食的喜爱也催生了大量美食类广告、美食类图文资讯的制作需求。但拍摄美食并不总是顺利的，如果因光线不足等问题拍出的照片令人毫无食欲，该怎么办呢？这时候，

修改前　　　　　　　　修改后　　　图1-3

使用强大的Ps调色功能，便可以调整图像的冷暖色调，还原并加强食物真实的质感，如图1-3所示。

修饰人像

Ps最为人所知的功能之一就是人像修饰。使用Ps可以轻松提升人物的"颜值"。无论是塑造更加迷人的身材，还是打造细腻光滑的皮肤，都可以用Ps轻松完成，如图1-4和图1-5所示。

修改前　　　　修改后　　图1-4　　　　　修改前　　　　　修改后　　图1-5

产品修饰

Ps可以服务于产品的宣传。使用Ps修图，可以增添图像的质感，制作出更加吸引消费者的产品展示图，如图1-6所示。

修改前　　　　　　　　　　　　　　修改后　　　　　　　图1-6

合成图像

对产品进行修饰后，还可以使用Ps将产品与环境素材进行合成，打造更富有趣味性的产品广告图，如图1-7所示。

平面设计

除了处理图像，使用Ps还可以将文字和图像进行结合，创作出海报、Banner等平面设计作品，如图1-8所示。

图1-7

图1-8

此外，Ps还有很多实用的功能，能实现很多炫酷的效果，本书将在后面的课程中陪伴读者一起探索，找寻学好Ps的理由。

2.让你进步神速的作品分析法

第1节我们领略了Ps的强大功能，这一节就来说说"思考"和"临摹"这两个关键词。掌握这两个关键词就能掌握快速提升作品的方法。

思考就是看到一幅好的作品时，想想它究竟好在哪里。

比如，可以分析作品的构图、色彩搭配等，还可以分析做得好的设计的细节。如看到图1-9，可以分析其在文字方面做了怎样的设计，思考它背后的创意，还可以去检查作品的抠图、修图细节是否做得足够好。在分析作品的同时，也需要思考自己的技术水平还有哪些地方需要提升。

当然，只动脑肯定是不够的，思考过后还需要动手，而动手的第一步就是临摹。

临摹就是动手去将好的作品

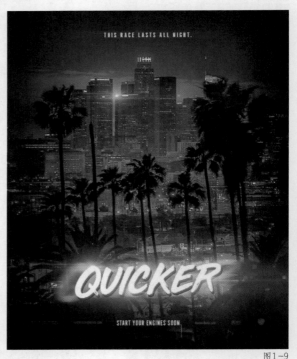

图1-9

还原出来。在刚开始临摹的时候，有人可能会苦恼于找不到好的素材。针对这个问题，可以先在图1-10所示的虎课、腾讯课堂等网络学习平台进行案例课程的学习。这些平台的案例课程会同步发布素材，使用这些素材就可以开始临摹练习了。等渐渐掌握了找素材的方法后，看到好的作品后就可以自己去进行二次设计。

在临摹的过程中，可以反复练习软件技术。要记住，只有量的积累，才能实现质的飞跃。

图1-10

3.哪里可以找到好看的作品和素材

有的人担心Ps学起来会很困难，但其实只要掌握正确的方法，学Ps一点都不难。

Ps只是一个实现想法和创意的工具，想学会它，只需要反复练习就可以了。但是，学会使用Ps后，很多人依然做不出好看的作品——这就是学习Ps的难点所在。那么，我们要怎样才能做出好看的作品呢？

这里给读者提供四个关键词——看、思考、临摹、创作，如图1-11所示，按照这四个关键词循环练习就可以了。

图1-11

首先我们要解决"看"的问题。通过看大量优秀的作品提升审美。

那去哪里看呢？在图1-12所示的站酷、花瓣等设计网站上可以轻松地找到很多优秀的作品。

注意，在这一步中，提升审美的关键是"大量"。因为人的审美会被平时所看的东西影响，所以只有看大量美的东西，审美才会得到提升。另外，看作品时不要只关注自己感兴趣的领域，而要看各种各样的优秀作品，如图1-13所示。

图1-12

图1-13

4.做练习没灵感？ 看看这些比赛吧

当进行了足够的临摹练习以后，下一步就到创作阶段了，在创作阶段我们需要找到一些真实的项目来实践。

对于新手来说，自己命题创作通常比较困难，因此，在刚开始的时候可以去参加一些比赛项目。如果还处于学生阶段，可以参加图1-14所示的大广赛、ACA大赛等。

在图1-15所示的站酷、UI中国等设计网站上也有很

图1-14

多商业比赛。这些商业比赛是网站与企业联合举办的，通常都有特定的主题和宣传的需求，跟真实的项目非常贴近。

图1-15

打开"每日设计"App，搜索关键词WZ030101，即可阅读《中外知名设计比赛汇总》，了解更多设计比赛的详情。

5.接单前你一定要知道的五件事

除了参加比赛，当熟练掌握软件技能后，读者还可以在图1-16所示的猪八戒、淘宝网等网站接单，做真实的项目。

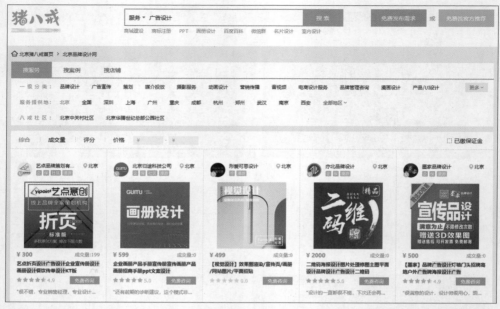

图1-16

新手接单很容易"踩坑",因此下面给读者先普及五个设计接单的常识。

第一,设计需求几乎存在于任何行业。有产品的地方就需要宣传,需要宣传就需要做设计,因此设计的需求是无处不在的。当你找不到单子可接时,尝试留意一下身边的各行各业,或者询问一下身边各个行业的朋友是否需要设计。

第二,从社交圈开始挖掘潜在客户。举个例子,印刷行业有很多项目是印刷和设计整包在一起的,而印刷企业不太可能聘请专门的设计师,这时印刷企业就需要寻找设计师一起合作。正好笔者身边有很多印刷行业的朋友，因此每个月都能接到他们分发的设计工作，如图1-17所示。

月份	序号	任务内容	任务分类
8月	1	Service Data Intelligence	邮件设计
	2	聚智绚未来	邮件设计
	3	鎏金CT-PPT（26页）	PPT优化设计
	4	17号 Product Newsletter MR IRSBA in MSA XXXXX1	邮件设计
	5	Product Newsletter Plus 20XXXX	邮件设计
9月	1	GE-newsletter 安全从我做起	邮件设计
	2	FX改进：九月新功能	邮件设计
	3	国庆中秋假期安全提示	邮件设计
	4	2020 SSEP-EIO Newsletter	邮件设计
	5	优智计划 A Program 3.0	邮件设计
	6	代理商资质查询 - 上线	邮件设计
	7	CT产品册子	版式设计+排版 共16页

图1-17

第三，多展示自己的作品，吸引接单机会。设计新人可以在微博、站酷、UI中国等平台发布自己的设计作品，优秀的设计作品自然会吸引来商业机会。笔者在站酷发布的图片和文章就曾经吸引了商业合作的机会，如图1-18所示。

图1-18

第四，定期给甲方评级。在接单一段时间后，我们需要对业务进行筛选和分级，进而剔除低效的甲方。评级的频率可以是每年一次，评级可以S、A、B、C、D进行划分。定期剔除掉评级低的客户，剩下的就是相对优质的客户了。

第五，简单的事情重复做。多接熟练并简单的业务可以使赚钱的效率更高，例如做Banner，单个的价格并不高，价格一般是200~300元，而熟练掌握了设计的方法和技巧后，一天完成50个也是可能的。

打开"每日设计"App，搜索关键词WZ030102，即可阅读《设计师接商单月入过万的秘密》，了解更多设计师接单的知识。

到这里，关于为什么要学Ps、如何提升审美、如何快速提升作品水平、如何进行创作，以及如何接单的知识都已经讲解完毕了。第2课我们将进入正题，开始Ps技能干货的讲解。

快速掌握Ps的
基础操作

 每日设计

这一课我们来解决初次接触Ps时新人必然会面对的一些基本问题，如对工作界面的不熟悉、对文件的各种操作无从下手、对常用的工具不了解等。这些问题看似简单，却往往是我们使用Ps时最常遇到的，而解决了这些问题，也确实能帮助我们大大提升图像处理的效率。

1.牢记通关地图——Ps的工作界面

在进入正式的Ps技能学习前，需要下载好软件，并且认识软件的界面。认识软件界面包括认识各个功能区的名称、位置和主要用途。认识界面后，可以在后续的学习中更快地找到对应的操作位置，提升学习的效率。

学习Ps时，我们不必记住每个功能和工具的具体位置，只要知道各个功能区的主要作用即可。

在新建或打开一个文件后，可以看到图2-1所示的工作界面。

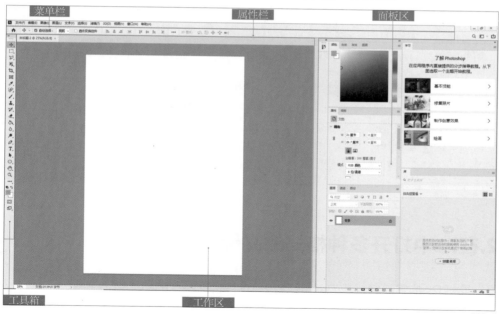

图2-1

菜单栏

菜单栏位于工作界面的左上方，其中包含了Ps的所有功能。

工具箱

工具箱位于工作界面的左侧，其中包含了Ps中的常用工具。在选择完工具箱中的工具后，一般需要在工作区进行操作。

属性栏

属性栏位于菜单栏的下方，主要用于调整工具或对象的属性。在选择不同的工具后，属性栏会有相应的变化。

面板区

面板区位于工作界面的右侧，在初始状态下，面板区一般会有颜色、属性、图层等多个常用面板。

工作区

工作区位于工作界面的中心，是面积最大的区域，这个区域会呈现图像的效果，是工具操作的区域。

提示 ⚡

使用窗口菜单，还可以打开更多面板。若需要关闭某些不常用的面板，可以单击面板右上角的菜单按钮☰，选择"关闭"选项，如图2-2所示。

对新手来说，这里容易发生误操作，例如不小心移动或关闭了某些面板。不用担心，若发生误操作，可以对工作区进行还原。Ps初始工作区的名称是基本功能工作区，其恢复方法是执行"窗口-工作区-复位基本功能"命令。

图2-2

2.在Ps中打开多种格式的文件

熟悉Ps的界面后，我们就可以打开文件来完成Ps的初体验了。

打开Ps，在软件的初始界面左侧有两个按钮——"新建"按钮和"打开"按钮。单击"打开"按钮，在弹出的"打开"对话框中选择要打开的文件，单击右下角的"打开"按钮即可，如图2-3所示。此外，执行"文件-打开"命令也能打开文件。

图2-3

提示 ⚡

　　将文件直接拖曳至软件中也可以打开文件，具体操作是，按住鼠标左键，将选中的文件从文件夹拖曳至Ps菜单栏或属性栏的位置，然后释放鼠标左键即可打开文件。注意：这种方式很容易发生误操作，如果拖曳时不小心在已经打开的文件中释放鼠标左键，那么这个文件将会被置入已经打开的文件中。如果发生误操作，可以按键盘上的Esc键撤销操作。

在Ps中可以打开多种格式的文件，其中JPG格式是人们日常接触得最多的图片文件格式，PSD格式是Ps自带的源文件格式。它们之间最大的区别就是，PSD格式可以保存图层。以打开的同一张小女孩图片为例，JPG格式图片只有一个图层，而PSD格式图片有多个图层，如图2-4所示。

PSD格式文件涉及透明的概念。把背景图层隐藏后，可以看到小女孩图层的空白区域有很多白灰相间的格子，这样的格子在Ps中就代表透明的意思。说到透明，就不得不提到PNG格式。PNG格式是一种可以存储透明背景图片的格式，如图2-5所示。

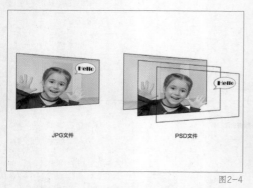

图2-4

图2-5

Ps中还可以打开动态GIF格式图片。想要查看GIF图片的动态效果，可以执行"窗口-时间轴"命令，单击"时间轴"面板上的"播放"按钮▶，如图2-6所示。

图2-6

除此以外，Ps还可以打开RAW格式图片。RAW格式是相机的原始数据格式，可以最大程度保留图像的数据。在Ps中打开RAW格式图片，会先进入Camera Raw界面，在此可以先对图片进行简单的处理，然后单击"打开图像"按钮，即可在Ps中打开这张图片，如图2-7所示。

图2-7

3.如何判断图片质量

　　设计作品的第一步就是找图片素材，图片素材的质量将对作品质量起到关键作用。那么如何判断图片的质量呢？

　　判断的要点主要有三个——清晰度、分辨率和图像大小。

　　首先，清晰度决定了这张图片是否能使用，不清晰的图片建议换图。一般情况下，我们用肉眼就能区分图片是否清晰，如图2-8所示，我们可以一眼就看出左边的图片更清晰。

　　遇到对细节要求很高的图片时，就不能用肉眼判断了。这时我们可以双击工具箱中的缩放工具，以实际像素显示图片，再用抓手工具移动至图片各个细节处，并在此情况下判断图片是否清晰，特别是眼睛、头发等部位要格外注意，如图2-9所示。

图2-8

图2-9

屏幕大小进行缩放。

　　2.抓手工具为手形图标，主要用来拖曳图片。在使用其他工具的状态下，按住空格键可以快速切换到抓手工具。

　　此外，想要判断图片质量还可以看图片是否有脏点。如果一张图片的压缩程度过大，画面上就会出现脏点。判断方式为，放大图片的同一个位置，质量高的图片的像素边缘锐利清晰，而高压缩的图片的像素边缘会出现脏点，如图2-10所示。

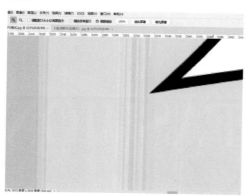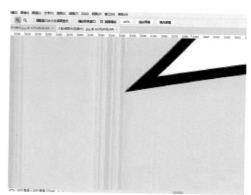

图2-10

　　当然，即使在Ps中可以检测出这两张图片的清晰度都是合格的，也不能说明这两张图片已经可用，还需要考虑图片的分辨率和大小因素。

　　分辨率决定了图片用在哪儿，如用在网站上还是画册上。图片的用途不同，其分辨率也不同。用于网站的图片，其分辨率通常为72像素/英寸；用于画册印刷的图片，其分辨率通常为300像素/英寸（注：1英寸约为25.4毫米）。

　　执行"图像-图像大小"命令，打开"图像大小"对话框，在该对话框中我们可以看到图片的分辨率。图2-11所示的图片分辨率是300像素/英寸，那么这张图就可以用在画册上。

　　分辨率决定图片的使用途径，而图像大小则决定了该图片能放多大，是可以作为16开杂志的封面，还是只能用作网站上的豆腐块广告。例如，图像大小为3厘米×5厘米的图片无法作为尺寸是28.5厘米×21厘米的杂志封面图，即使它已经非常清晰。如果用自由变换工具强行把图片放大，得到的图片质量将会非常差，如图2-12所示。

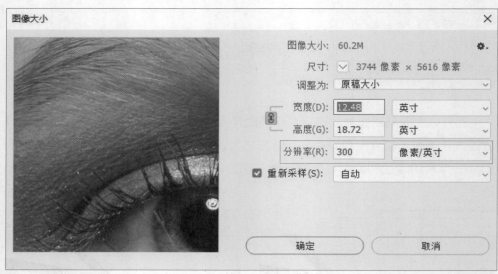

图2-11

图2-12

提示 ⚡

　　尽量不要在 Ps 中大幅度地缩放图片，特别是反复地放大或缩小图片。因为在每一次放大和缩小图片后，都会降低图像的质量。

4.移动工具的妙用

移动工具是工具箱中的第一个工具,如图2-13所示。选中图层后,使用移动工具即可对图层内容进行移动。在使用移动工具时,按住Shift键的同时拖曳对象,可以垂直或水平移动对象。

这里有一个移动工具的使用小技巧。如果想制作图2-14中的多个文字泡效果,可以怎么做? 只需要选中文字泡图层,按住Alt键移动对象,即可复制多个文字泡,效果如图2-14所示。复制对象的同时,图层也会被复制。在操作的过程中,如果出现失误,可以按快捷键Ctrl+Z撤销前一步操作。

图2-13

图2-14

提示 ⚡

较新版本的Ps中具有智能参考线功能。开启智能参考线功能后,在移动对象的过程中,画面上将自动出现参考线,帮助我们更好地对齐和排列对象。

5.保存文件的正确姿势

处理完文件后,需要对文件进行保存。保存文件的操作是执行"文件-存储"命令或按快捷键Ctrl+S。在系统弹出的"另存为"对话框中可以设置文件名称、保存位置和格式等，如图2-15所示。

注意，保存文件时，需要养成良好的文件命名习惯，如根据文件的内容或主题来命名，这样便于对文件进行整理以及后续查找使用。

如果需要保存带图层的文件，可以将文件的保存类型设置为PSD格式；如果需要保存图片的透明背景，可以将文件的保存类型设置为PNG格式；如果只需要将文件存储为普通的位图，将文件的保存类型设置为JPG格式即可。

此外，在软件操作过程中，还要养成随手保存的好习惯，经常按快捷键Ctrl+S保存文件，这样可以避免意外丢失文件的情况。

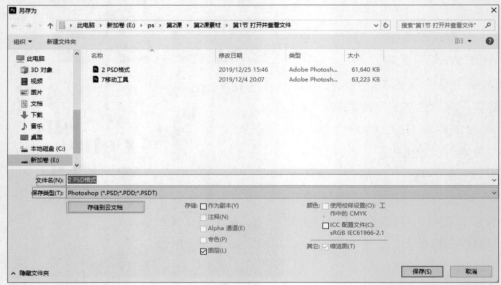

图2-15

6.玩转自由变换功能的六大用法

自由变换是Ps中使用频率最高的功能之一，主要用于放大、缩小和改变形状。

当一张图片被拖入画布后，通常需要将其缩放至合适的大小。使用透视、变形等功能，还可以让图片与画面自然融合。在实际应用中，自由变换功能被使用得非常频繁。如平面设计师会使用自由变换功能将作品放到样机中展示给客户；商业摄影师也需要用到自由变换功能修饰人像和产品。

自由变换功能在编辑菜单中，如图2-16所示，快捷键是Ctrl+T。在打开的练习文件中选中"图层1"，使用快捷键Ctrl+T即可让该图层进入自由变换状态，如图2-17所示。

图2-16

图2-17

进入自由变换状态后，拖曳八个控点的位置即可将对象等比例放大、缩小。

> **提示** ⚡
>
> 　　在Photoshop CC 2019以前的版本中，需要按住Shift键再拖曳控点才能实现对象的等比例放大、缩小。而在Photoshop CC 2019版本和2020版本中，按住Shift键再拖曳控点将对对象进行不等比例的放大、缩小。

　　自由变换对象的过程中，如果操作出现失误，可以按Esc键退出；如果满意调整结果，可以按Enter键或单击属性栏上的"对钩"按钮✓确定变换效果。如果想让对象基于图像中心进行放大、缩小，可以按住Alt键再拖曳控点。在自由变换的状态下，将鼠标光标移至四个角的控点外侧时，鼠标光标将变为带弧度的箭头，这时可对对象进行旋转。

　　使用自由变换功能时，在对象上单击鼠标右键，还可以在弹出的菜单中选择"透视、变形、旋转180度、顺时针旋转90度、逆时针旋转90度、水平翻转、垂直翻转"等操作。

> **提示** ⚡
>
> 　　每一次使用自由变换功能都会改变图像的像素，图像清晰度经过多次自由变换后会下降，这个时候可以将需要进行多次自由变换的图层转换为智能对象。智能对象相

当于图像的保护壳，可以将图像的像素保护起来。对智能对象进行多次自由变换，其清晰度也不会下降。

需要注意的是，图层转换为智能对象后，无法使用画笔等工具直接对像素编辑。如果想要对智能对象图层进行编辑，需要选中智能对象图层，单击鼠标右键，在弹出的菜单中选择"栅格化图层"选项，这样图层就能转换为普通的像素图层了。

打开"每日设计"App，搜索关键词SP030201，即可观看自由变换的详细教学视频，学习更多自由变换的操作技巧。

缩放

利用自由变换的缩放功能可以将风景照片放到相框中，查看其展示效果。

首先打开图2-18，选中移动工具，将其拖曳复制到图2-19所示的相框素材中。然后选中风景照片图层，按快捷键Ctrl+T对其进行缩放，缩放到合适的尺寸并调整位置后，按Enter键即可，完成效果如图2-20所示。

图2-18

图2-19

图2-20

透视

将图片进行贴图展示时，不仅会制作正面角度的展示图，也会制作一些带透视的展示图。图2-21是一张已完成的广告海报，如果想将其贴到一个实地场景中，查看其实际展示效果，就需要运用自由变换功能来改变其透视。

首先使用移动工具，将海报拖曳复制到图2-22所示的背景素材中，接着按快捷键Ctrl+T进行缩放，将海报大致对准需要贴图的位置后，再按住Ctrl键并拖曳四个控点的位置。更改好透视后，按Enter键，实地场景的贴图就完成了，效果如图2-23所示。

图2-21 图2-22 图2-23

变形

在实地场景贴图中，还有可能遇到图2-25所示的带弧度的贴图位置，在这种情况下，就需要用到自由变换的变形功能。

首先打开图2-24所示的文件，使用移动工具将其拖曳复制到如图2-25所示的背景素材中，然后使用自由变换功能对其进行缩小，再按住Ctrl键并拖曳四个角的控点对准广告牌的四个角。对准四个角以后，再单击鼠标右键，在弹出的菜单中选择"变形"选项，把图片的边缘向上拖曳，将其贴近带弧度的边。对下面的一条边也采用同样的操作。调整好位置后，按Enter键，这样带弧度的场景贴图就完成了，效果如图2-26所示。

图2-24 图2-25

图2-26

旋转

使用自由变换的旋转功能，在只有一个素材的情况下，也能做出不单调的画面。

打开图2-27所示的文件，选中柠檬图层，使用移动工具，按住Alt键复制一个柠檬，然后将复制出来的柠檬进行自由变换，调整其大小、角度、位置等。重复上述步骤，将复制出来的柠檬分组错落摆放，这时图层面板如图2-28所示。注意，复制出的柠檬跟中心的柠檬之间要保持一定的距离，有留白的画面才不至于显得太满。到这里，画面就已经变得丰富了。为了突出画面的主体，还需要将复制出来的柠檬做一些调整。在"图层"面板中，按住Shift键可以选择连续的多个图层。这里将复制出来的柠檬图层全部选上，如图2-29所示，然后调整其不透明度，让这些柠檬看起来没有那么清晰，从而突出主体，海报完成效果如图2-30所示。

图2-27　　　　　　　　图2-28　　　　　　　　图2-29　　　　　　　　图2-30

翻转

使用自由变换的翻转功能，可以给对象制作倒影，以此增加质感。

打开图2-31所示的文件，选中盆栽图层，使用移动工具，按住Alt键复制一个盆栽图层。按快捷键Ctrl+T使复制出的盆栽进入自由变换状态，单击鼠标右键，在弹出的菜单中选择"垂直翻转"选项，并将翻转后的盆栽调整到合适的位置。

此时效果不够自然，再使用渐变工具，给下面的倒影增加一个渐变，最终的倒影效果如图2-32所示。

内容识别缩放

在自由变换中还有一个隐藏的"秘密武器"，那就是内容识别缩放。如果想将图2-33运用在一张长图之中，只延长背景，而不改变人物的大小，怎么做呢？方法是，选中图层后，执行"编辑－内容识别缩放"命令，按住Shift键拖曳图片左边的控点，即可得到图2-34所示的效果。

修改前 图2-31

修改后 图2-32

修改前 图2-33

修改后 图2-34

打开"每日设计"App，搜索关键词SP030202，即可观看自由变换功能的六个应用案例的详细教学视频。

7.轻松绘制趣味小插画

图2-35和图2-36是网络上流行的一种手绘图片。使用画笔工具和橡皮擦工具可以很轻松地制作出这样的效果。画笔工具主要用来绘制图案；橡皮擦工具主要用来修正错误。

画笔的基础设置

画笔工具位于工具箱中，单击画笔形状的按钮可以选中画笔工具，使用画笔工具可以直接在画面上进行绘制。在选中画笔工具的情况下，在属性栏中可以调整画笔的大小和硬度，如图2-37所示。

　　画笔的大小指的是画笔的粗细；画笔的硬度指的是画笔边缘的柔和程度。硬度为100%时，线条锐利，边缘分明；硬度为0时，线条边缘柔和。

图2-35

图2-36

图2-37

提示 ⚡

　　1.想要调整画笔的大小，除了在属性栏调节画笔大小的控点，还可以使用快捷键。调整画笔大小的快捷键是英文输入法状态下的中括号键"[ ]"，按左中括号键"["可以缩小画笔的大小，按右中括号键"]"可以放大画笔的大小。

　　2.在绘制过程中，如果直接在背景图层上绘制，绘制错误后用橡皮擦工具擦除会破坏背景图层的像素。因此，建议绘制作品时，多新建图层。在新图层上进行绘制，图层之间互不干扰，不会破坏其他图层的效果。

　　3.使用画笔工具的时候，用鼠标进行绘制不是很方便，使用数位板和触控笔绘制会更加流畅。

拾色器

　　单击"颜色"面板中的前景色，可以调出拾色器，在此可以改变画笔的颜色，如图2-38所示。在拾色器中可以单击颜色区域选择颜色，也可以通过输入色值来改变颜色，如需要设置黑色时可以输入"000000"，然后按Enter键。此外，使用拾色器时还可以通过吸取画面上的颜色来选择。

橡皮擦的基础设置

　　画面上一些绘制失误的部分可以使用橡皮擦工具进行修改。单击工具箱中的橡皮擦按钮 ，然后使用橡皮擦工具直接对需要修改的部分进行擦除即可。选中橡皮擦工具的情况下，在属性栏中可以调整橡皮擦的"大小"和"硬度"，如图2-39所示。

"历史记录"面板

如果需要修改的步骤较多，就需要使用快捷键Ctrl+Z撤销前面的操作，或使用"历史记录"面板撤回步骤。执行"窗口－历史记录"命令可以打开"历史记录"面板，如图2-40所示。

使用"历史记录"面板可以较准确地撤销操作步骤，还可以快速将文件恢复到打开的状态。在"历史记录"面板中，还可以创建快照。创建快照可以将作品创建出不同的版本来对照效果。

图2-38　　　　　　　　　　　　图2-39　　　　　　　　　　　　图2-40

综合上面的知识，使用画笔工具和橡皮擦工具就可以将图2-41所示的鸡蛋图片素材绘制成图2-42所示的涂鸦小作品。

图2-41　　　　　　　　　　　　　　　　　　　　　　　　　　　　图2-42

 打开"每日设计"App，搜索关键词SP030203，即可观看涂鸦小作品的详细教学视频。

小练习

请使用画笔工具和橡皮擦工具，在图2-43上绘制一幅有趣的表情作品。

尺寸：不限。

练习要求：（1）使用不同大小、硬度、颜色的画笔进行绘制；（2）画面干净、完整，具有趣味性；（3）画面有一定的故事性更佳。

图2-43

8.新建文档时必须注意的参数

新建文档通常是设计平面作品的第一步，那么新建文档时我们需要注意什么内容呢？下面就来详细讲解一下。

设置文档名称、宽度和高度、画布背景颜色

新建文档的方法是：执行"文件-新建"命令，打开新建文档对话框，设置文档的名称和参数等，如图2-44所示。在"新建文档"对话框中首先需要对文档命名，然后需要设置作品的宽度和高度，以及宽度和高度的单位。在单位的选择上，如果作品在屏幕上使用，单位一般设置为像素；如果在印刷品上使用，一般会设置为毫米或厘米这样的长度单位。另外，在"新建文档"对话框中，还可以设置画布的背景颜色等。

设置文档的分辨率

设置文档的分辨率前，需要先理解分辨率的概念。分辨率的单位是像素/英寸（有时写作ppi），那么其中的像素又是什么呢？打开一张位图图像，使用缩放工具对图像进行放大，当图像越来越大时，可以看到画面中出现了很多格子，如图2-45所示，这些格子就是像素，位图就是由很多个这样的格子组成的。而分辨率指的就是在同等面积的图片里有多少个这样的格子。因此，分辨率越大，图片越清晰。

对于在印刷品上使用的作品，建议将分辨率设置为300像素/英寸，而对于在屏幕上使用的作品，建议将分辨率设置为72像素/英寸。对于尺寸特别大的作品，建议将分辨率设置为25~72像素/英寸。

设置颜色模式

在"新建文档"对话框中还可以设置文件的颜色模式。常用的颜色模式有RGB模式和CMYK模式。其中，RGB模式对应的是屏幕显示的色光模式；CMYK模式代表的是油墨混合的颜色模式，多用于印刷品，如图2-46所示。

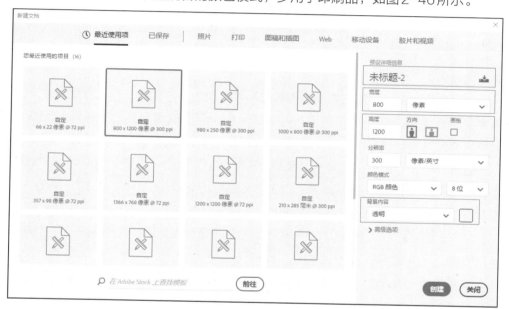

图2-44

图2-45

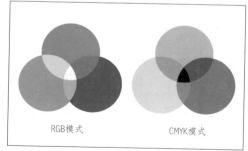

图2-46

因此在设置文件的颜色模式时，如果作品在屏幕上使用，就选择RGB模式；如果作品在印刷品上使用，就选择CMYK模式。如果不确定作品的用途，可以先将其设置成RGB模式，后期有需求再将其转换为CMYK模式。

同时，在"新建文档"对话框中也有很多系统预置的文件尺寸参数，如常用的照片尺寸、打印用纸尺寸、常用的移动设备尺寸、常用的视频尺寸等，可以根据自己的需求来选择这些预设，进而更便捷地新建文档。

9.你真的懂图像尺寸更改吗

在练习或工作中，我们经常需要更改图像尺寸。在Ps中执行"图像－图像大小"命令和"图像－画布大小"命令，都能满足更改图像尺寸的需求，对此我们应该如何选择呢？

更改图像大小

在日常生活中，经常需要将拍摄好的照片更改为一寸照片；在工作场景中，如果需要将作品发布在多个平台上，不同的平台、不同的作品都会有不同的尺寸要求，这时就需要更改图像大小。

更改图像大小的方法是执行"图像－图像大小"命令，打开"图像大小"对话框，如图2-47所示，在对话框中更改宽度和高度的数值。在"宽度"和"高度"的左侧有一个锁链按钮，用于锁定宽高比，一般情况下要将其选中，避免图片拉伸变形。在对话框中还有"重新采样"一栏，这个选项可以根据图片处理情况与图片特点进行设置，一般情况下设置为"自动"即可。

更改图像大小，实际上是更改图像的像素，像素的修改是不可逆的，因此更改图像大小前，最好先存储一个副本，这样可以留下更多的修改空间。

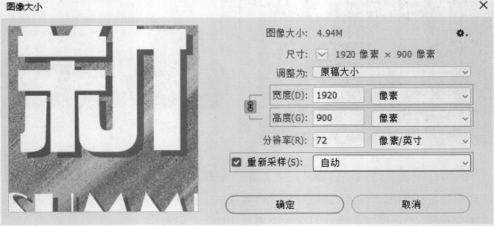

图2-47

更改画布大小

画布就像一张画纸，是Ps中进行图像创作的区域。工作区显示的就是画布的大小，操作时可以根据需求对画布大小进行调整。新建文档时设置的文件尺寸就是画布大小，有时在设置画布大小时无法准确判断作品最终的尺寸，因此需要对画布大小进行调整。

更改画布大小的方法是执行"图像－画布大小"命令，打开"画布大小"对话框，如图2-48所示，在对话框中调整画布的宽度和高度。

图2-48

 打开"每日设计"App，搜索关键词SP030204，即可观看更改图像大小和更改画布大小的详细教学视频。

10.构图调整"神器"——裁剪工具的用法

裁剪工具位于工具箱，选中裁剪工具后，画布上会出现八个控点，拖曳这些控点可以对画布进行裁剪，裁剪框中颜色较鲜艳的部分就是要保留的部分，如图2-49所示。

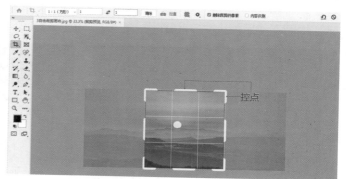

图2-49

按比例裁剪画布

在使用裁剪工具时，可以在属性栏上选择按"比例"裁剪，裁剪框中会显示参考线，系统默认显示"三等分"参考线，在属性栏中可以根据需求选择其他的参考线，如图2-50所示。使用参考线可以在裁剪时辅助构图，如利用三等分参考线，将主体对象放到参考线的交点处，这样裁剪出来的构图一般比较好看，如图2-51所示。

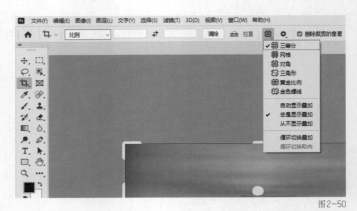

图2-50

裁剪工具的属性栏中有"删除裁剪的像素"选项，如果勾选这个选项，裁剪的像素将被删除，再次裁剪时无法重新对原图像素进行操作，因此建议不勾选该选项，保留原图的像素可以保留更多编辑的机会。

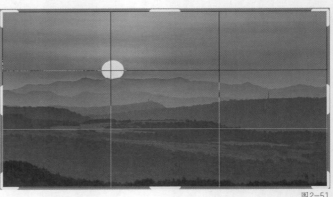

图2-51

灵活运用裁剪工具可以对构图进行二次优化。例如想要制作一幅篮球比赛的海报，找到图2-52所示的素材，如果使用整个篮球，画面就会显得比较普通。为此，使用裁剪工具，选中篮球的局部，通过篮球的局部来体现主题，如图2-53所示。构图完成后加上文字和图形，即可实现图2-54所示的效果。

图2-52

图2-53

图2-54

拉直

出去旅游拍照片的时候不小心会把照片拍歪，如图2-55所示。在Ps中使用裁剪工具的拉直功能可以让照片"变废为宝"。在选择裁剪工具的状态下，在属性栏中可以找到"拉直"按钮，单击该按钮后，在画面上画出水平参考线，系统就会根据画出的参考线对图片进行拉直，拉直效果如图2-56所示。

在拉直的过程中，系统会默认裁剪一些图片的边角。如果在拉直的过程中不想损失像素，可以在属性栏上勾选"内容识别"选项，勾选该选项后，系统将根据图像自动识别缺失的像素。拉直的功能不仅可以进行水平方向的拉直，对于一些垂直的建筑照片，也可以使用这个功能，如图2-57所示。

修改前　　　　　　　　　　　图2-55

修改后　　　　　　　　　　　图2-56

修改前

修改后　　　　　　　　图2-57

打开"每日设计"App，搜索关键词SP030205，即可观看裁剪工具的详细教学视频。

11.一招搞定九宫格切图

将宣传图发布到微博等平台时，通常会面临九宫格切图的需求。一张一张地裁切不仅效率慢，而且很容易因为失误造成尺寸不统一、图片拼接错位等，这时我们就需要用到Ps的切片工具来帮助我们快速完成切图工作。

Ps中的"切片工具"可以辅助切图工作。切片工具位于工具箱中，如图2-58所示。切片工具的使用方法是，选中切片工具后，直接在工作区框选切片的区域，系统将自动划分出切片的范围。

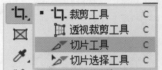

图2-58

使用切片工具时，除了直接框选切片区域外，还可以基于参考线来切片。微博九宫格宣传图就可以基于图片原有的九宫格参考线来切片。在显示参考线的情况下，单击切片工具属性栏的"基于参考线的切片"按钮，即可基于参考线进行切图，如图2-59所示。

 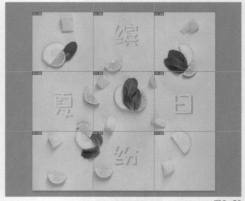

图2-59

那么，切片后如何导出这些切片呢？执行"文件－导出－存储为Web所用格式"命令，在弹出的对话框中使用切片选择工具，选择自己需要导出的切片，设置好图片格式、图像大小后导出即可。

除了微博九宫格图片需要切图外，电商详情页有的时候也需要切图。以淘宝详情页为例，平台对图片高度有统一的要求，因此超出规定高度的详情页需要切割后再上传。切割详情页也可以使用切片工具。

提示 ⚡

　　在网页设计或UI设计结束后也会面临切图的需求。切图工作有时候由设计师负责，有时候由前端工程师负责，因此需要根据不同公司的具体情况来进行沟通协调。

　　设计师需要了解一些切图的基本知识。在网页设计中，能够直接导出图片的元素，不需要切图，如带透明的元素可以直接导出PNG图片。而前端工程师可以简单制作的图片或图形，也不需要切图，如纯色的底图，在提交设计规范时标注颜色数值即可。还有像一些简单的按钮，前端工程师也能直接用代码实现。因为切图工作与前端开发工作密切相关，所以设计师需要与前端人员多多沟通，互相协作。

　　打开"每日设计"App，搜索关键词SP030206，即可观看九宫格切图的详细教学视频。

训练营1：整理的艺术

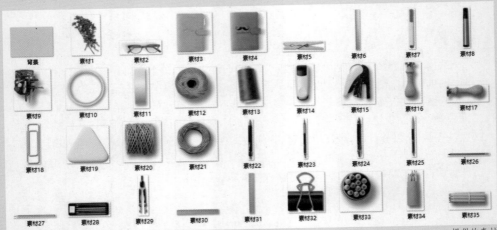

提供的素材

核心知识点 移动工具和自由变换的使用

图像大小 1000像素×800像素

背景颜色 灰色

颜色模式 RGB模式

分辨率 72像素/英寸

完成范例

训练要求

（1）使用移动工具、自由变换等功能将提供的素材整理成一个有序的画面，可参考完成范例，也可以自行排列组合，但需要保证画面的整洁美观。

（2）作业需要符合图像大小、背景颜色、颜色模式、分辨率的规范。

（3）只允许使用提供的素材进行排列。

打开"每日设计"App，进入本书页面，在"训练营"栏目可以找到本题。提交作业，即可获得专业的点评。

一起在练习中精进吧！

图层：层层分明地管理制作过程

每日设计

图层是Ps中的重要功能，Ps中的绝大部分操作都是在图层中进行的。图层最大的作用就是将对象分离，便于我们对单独或部分对象进行操作，同时不会改变其他对象，有利于我们反复打磨作品细节，打造画面层次。

本课将主要讲解图层的基础操作、图层的管理，以及图层的快速操作技巧等。

1.玩转图层的基础操作技巧

图层的大部分操作位于"图层"面板，如图3-1所示。"图层"面板在大部分预设工作区界面中均有显示，如果无法找到"图层"面板，可以在"窗口"菜单中打开，或单击快捷键F7。关于图层的所有功能都可以在"图层"菜单中找到。

图3-1

选中图层

想要对图层进行操作，首先要选中图层。选中图层的常规方法是直接在"图层"面板中单击：按住Ctrl键并单击图层可以选中多个不连续的图层；按住Shift键并单击图层可以选中多个连续的图层。在使用工具箱里的工具时，也可以直接在"图层"面板上单击选中目标图层。在使用选择工具的情况下，如果在属性栏勾选了"自动选择"选项，如图3-2所示，在画面中单击图像，即可选中对应的图层。但要注意，勾选"自动选择"选项很容易产生误操作，因此不建议勾选该选项。若不勾选该选项，可按住Ctrl键，再单击画布中的图像来选择图层，如果想要选择多个图层，可以按住Ctrl或Shift键，然后选择画布中的图像。

图3-2

调整图层不透明度

在"图层"面板中选中图层后可以修改图层的不透明度，如修改图中树叶的不透明度，如图3-3所示。修改图层不透明度的方法为，选中目标图层，在"图层"面板的"不透明度"设置区域拖动控点，或输入数值来调整不透明度，如图3-4所示。

 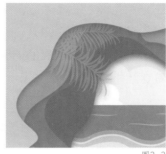 

图3-3 图3-4

新建图层

新建图层的方法有很多，最简单的方法就是单击"图层"面板下方的"创建新图层"按钮 ▣ ，如图3-5所示。这样可以直接创建一个新的透明图层。此外，执行"图层-新建-图层"命令，或按快捷键Ctrl+N，也可以新建图层。

使用文字工具、形状工具等工具时，系统会自动新建图层。在下面的案例中，使用文字工具输入文字"SUMMER"后，可以看到在"图层"面板中自动创建了一个文字图层，如图3-6所示。此外，使用移动工具，将图片素材直接移动复制到画面中，也将新建图层。

 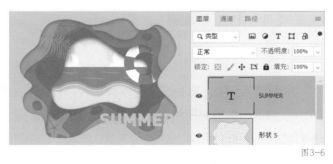

图3-5 图3-6

提示 ⚡

使用文字工具、形状工具创建的图层不是普通的像素图层，不能使用画笔工具等修改图层像素。若需要对其进行编辑，需要选中图层后，单击鼠标右键，在弹出的菜单中选择"栅格化图层"，才能将其转换为普通的像素图层。

复制图层

想要复制图像，可复制对应的图层。复制图层的方法是在"图层"面板中选中图层后，在目标图层上单击鼠标右键，在弹出的菜单中选择"复制图层"选项，这时会弹出"复制图层"对话框，如图3-7所示。在对话框中可以修改复制图层的名称，也可以按

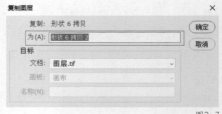

图3-7

快捷键Ctrl+J直接复制图层。在使用选择工具的情况下，按住Alt键并拖曳图像进行图像复制，图层也将被复制。

调整图层的上下关系

图层的上下关系，也被称为层叠关系，体现在画面中就是在上方的图层会遮盖下方的图层。在"图层"面板中可以清晰地看出图层的上下关系，图3-8中各张图片对应图层的上下关系如图3-9所示。

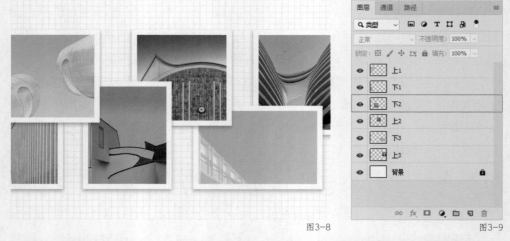

图3-8   图3-9

想改变图层的上下关系，可以直接在"图层"面板中拖曳改变图层的位置。以图3-8为例，想要将图中"下2"图层置于图像的最上方，可在"图层"面板中将该图层拖到所有图层之上，如图3-10所示。选中图层后，也可以通过快捷键来更改图层的上下位置，将图层向下移动一层的快捷键为Ctrl+[，将图层向上移动一层的快捷键为Ctrl+]。

图3-10

对齐图层

在 Ps 中，各个图层之间可以快速进行对齐。图层的对齐是以图层中像素的边缘为基准的。选中多个图层后，属性栏中将出现图层对齐的相关选项，如图3-11所示。

图3-11

以图3-12为例，如果需要将上排的三张照片修改为顶对齐，那么在"图层"面板中选中对应的图层后，单击属性栏的"顶对齐"按钮 ，效果如图3-13所示。注意，顶对齐是以图层中最靠上的像素为基准进行对齐的，其他对齐方式的原理依次类推。

图3-12　　　　　　　　　　　　　　　　　　　　图3-13

2.做好图层管理很重要

想要玩转Ps，熟练掌握上面的图层基础操作还不够，我们还需要做好图层的管理。特别是进行一些较复杂作品的创作时，做好图层的命名、链接和分组等管理，可以帮助我们减少失误，提高效率。

重命名图层

新建的图层一般会以系统默认的名称命名，但系统默认的名称不易辨别图层内容，在图层很多的情况下，想要找到目标图层将耗费很多时间。因此，在进行图像处理或图像创作时，要养成良好的命名习惯——按照图层的内容对图层进行命名。

使用"图层"菜单新建图层时，可以在弹出的"新建图层"对话框中直接修改图层名称。然而，并不是每一个新建的图层都能确定名称，因此大部分图层需要在确定内容后再重命名。重命名的方法是双击目标图层的名称区域，进入更改图层名称的状态，如图3-14所示，输入图层名称并按Enter键即可。

图3-14

链接图层和创建图层组

链接图层或创建图层组可以将关联的图层组合在一起，方便对多个图层进行移动或自由变换。

如想将图3-15中海星的两个图层组合在一起，可以链接两个图层。链接图层的步骤是选中图层，然后单击鼠标右键，在弹出的菜单中选择"链接图层"选项。链接成功后"图层"面板中对应图层将出现锁链图标，如图3-16所示。如果想要解除图层链接，选中链接的图层，单击鼠标右键，在弹出的菜单中选择"取消图层链接"选项即可。

将多个图层创建成一个图层组也可以将图像组合在一起，方法是选中图层，按快捷键Ctrl+G，或单击鼠标右键，在弹出的菜单中选择"从图层建立组"选项。在弹出的"从图层新建组"对话框中可对图层组进行命名。这个案例中将图层组命名为"海星"，创建成功后"图层"面板状态如图3-17所示。

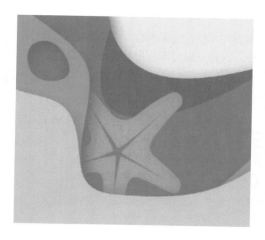

图3-15

图3-16

图3-17

创建图层组还有一种方法。单击"图层"面板下方的"创建新组"按钮 ▢，就能在"图层"面板中创建一个新组。创建新组后将需要编组的图层直接拖进组中，或直接在组中创建新图层。需要注意的是，想要在画布上移动图层组的所有图层，需取消移动工具的"自动选择"选项。

在图层较多的文件中，编组非常重要，它可以帮助我们划分图层内容，因此在工作中需要养成给图层编组的好习惯。

提示 ⚡

链接图层和创建图层组的区别

对图层进行链接后，图层的上下排列关系不会发生变化，而在同一图层组中的图层，它们的上下位置在整个作品中与组的位置是一致的，因此如果为上下位置相差较远的图层创建图层组后，图层位置将发生改变。还以上面的海星的两个图层为例，调整它们的上下关系，使其中间间隔两个图层。如果将海星图层进行链接，链接后图层上下关系不变，如图3-18所示；如果将海星图层创建图层组，则图层上下关系发生变化，如图3-19所示。

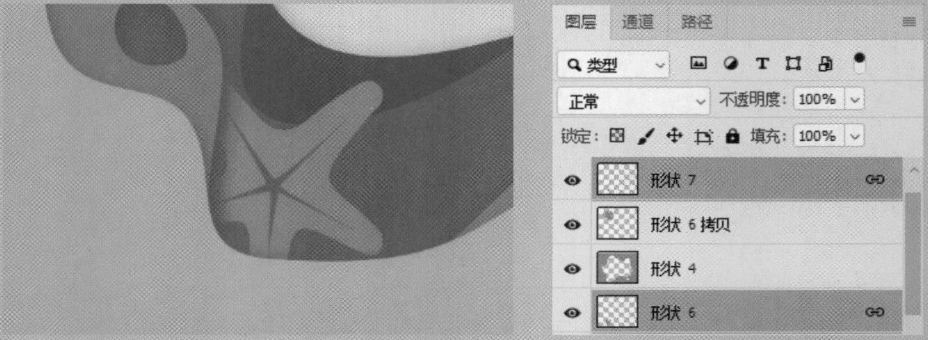

图3-18

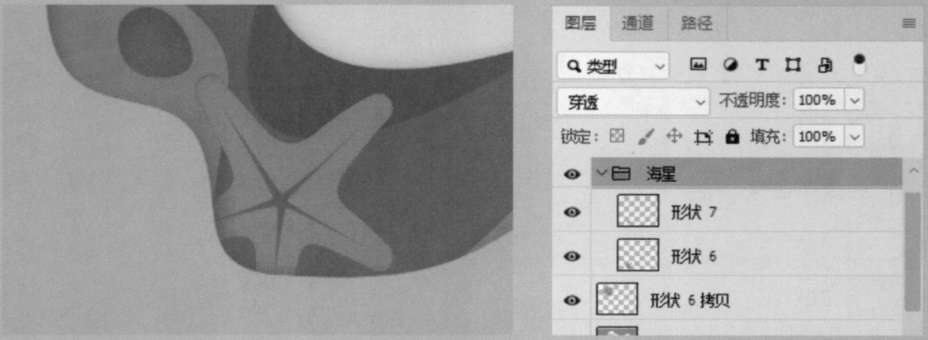

图3-19

删除图层

对于错误、重复、多余的图层，可以在"图层"面板中将其删除。删除图层的方法有很多，在"图层"面板中选中需要删除的图层后，可以按Delete键或单击"图层"面板下方的"删除"按钮 🗑 进行删除，如图3-20所示；也可以单击鼠标右键，在弹出的菜单中选择"删除图层"选项；还可以按住鼠标左键将图层拖到"图层"面板右下角的"删除"按钮上，然后松开鼠标左键。这些方法都很便捷，读者按照自身喜好进行操作即可。

图3-20

隐藏图层

在图层较多的情况下，图层会互相遮挡，有时候会干扰操作。因此，为了准确调整画面，有时需要将部分图层隐藏起来。在"图层"面板中，单击图层前方的眼睛图标可以改变图层的显隐关系。图层前面的眼睛图标显示时，该图层为显示状态，如图3-21所示，图层前面的眼睛图标消失时，该图层为隐藏状态，如图3-22所示。

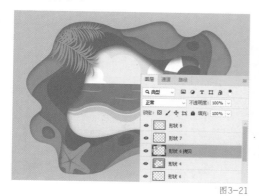
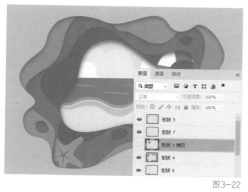

图3-21

图3-22

使用隐藏图层还可以对比修图前后的效果。在这里有一张调整后的图片，如图3-23所示，如果想要对比调整前后的效果，可以选中背景图层，然后按住Alt键，单击图层前方的眼睛图标，就能隐藏除该图层以外的所有图层，显示出原图的状态，如图3-24所示。

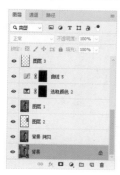

图3-23

图3-24

锁定图层

在图层比较多的情况下，对一些已经调整好的图层，或一些暂时不需要改动的图层，我们可以先将其锁定起来，避免误操作。

锁定图层的方法是选中图层后，在"图层"面板中单击相应的锁定按钮。最常用的是"锁定全部"按钮 🔒，单击此按钮后，图层中所有像素都被锁定，不能对它们做任何修改。也可以选择锁定局部，较常用的有锁定透明像素和锁定图像像素。它们的区别是，选中图层，单击"锁定透明像素"按钮 ⊠ 后，只能对该图层图像像素部分进行修改；选中图层，单击"锁定图像像素"按钮 ✓ 后，只能调整图像位置，不能更改像素。图层使用锁定功能后，在"图层"面板中，该图层后方将显示锁定按钮，如图3-25所示。若需要解锁图层，单击对应图层上的锁定按钮即可。

图3-25

提示 ⚡

在"图层"面板中还有一个图层分类的功能，能将图层以名称、效果、模式、属性、颜色等类别进行分类显示。需要注意的是，这个功能经常导致误操作，很多初学者在操作时会不小心误点这个功能区域，导致部分图层从面板中消失。不过不用担心，这时候只需要在下拉列表中选择"类型"，如图3-26所示，文档中的所有图层就会都显示于"图层"面板中。

图3-26

合并图层和盖印图层

文档存储大小跟图层数量息息相关，图层数量越多，文档所占空间就越大。因此，在完成设计后，我们有必要对一些图层进行合并。

合并图层的方法是，选中需要合并的图层，然后单击鼠标右键，在弹出的菜单中选择"合并图层"选项。选中任意图层，单击鼠标右键，在弹出的菜单中选择"合并可见图层"选项，可以将所有可见图层合并。

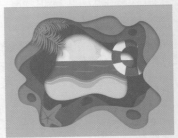

图3-27

如果既想保留图层，又想得到一个合并的效果，可使用盖印图层功能。以图3-27为例，选中任意图层，然后按快捷键Ctrl+Alt+Shift+E，在"图层"面板的最上方就可以得到一个当前所有图层的合并图层，如图3-28所示。盖印图层可以保留图像当前的制作效果，留存历史记录，常用于在创作插画等平面作品时保留创作过程。

图3-28

3.一招抠出白底中的毛笔字

图层之间除了上下、左右对齐等位置关系，还存在混合关系，这个混合关系指的就是图层的混合模式。图层混合模式指的是在RGB模式下，上下两个图层通过Ps内部的算法运算，从而实现一种特定的显示效果，图层的像素不会发生变化。使用图层混合模式可以让两个图层混合在一起，因此这要求文档中至少存在两个图层。

在图层混合模式为"正常"的情况下，两个图层的重叠部分，在工作区中只能看到位于上方的图层，如图3-29所示。如果更改上方图层的图层混合模式，将会呈现不同的效果。如将上方图层的图层混合模式修改为"正片叠底"，混合效果如图3-30所示。

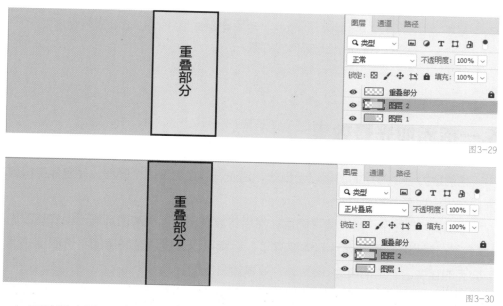

图3-29

图3-30

正片叠底是Ps中常用的图层混合模式之一，指的是上下两个图层通过混合变得更暗，同时色彩变得更加饱满。

以图3-31为例，复制背景图层，然后将复制出的图层的图层混合模式修改为"正片叠底"。这时可以看到图像变暗了，同时色彩也更加饱和，效果如图3-32所示。

在正片叠底模式下，与任何颜色混合时白色都会被替换，而黑色跟任何颜色混合都会变成黑色，因此这个功能还经常用于去除一些图层的白色部分，如抠选像毛笔字等边缘复杂的白底素材。以图3-33所示的毛笔字为例，将图片素材置入文档后，选中毛笔字图层，将其图层混合模式修改为"正片叠底"，即可得到如图3-34所示效果。

图3-31

图3-32

图3-33

图3-34

打开"每日设计"App，搜索关键词SP030301，即可观看使用正片叠底抠出毛笔字的详细教学视频。

4.一招添加光晕效果

滤色是另一个常用的图层混合模式，是通过混合上下两个图层，使整体变得更亮，产生一种漂白的效果。

以图3-35为例，复制背景图层，然后将复制出的图层的图层混合模式修改为"滤色"。这时可以看到图片整体变亮了。后续可以通过调整图层的不透明度来调节变亮的程度，不透明度为60％时，效果如图3-36所示。

修改前　　　　　　　　　图3-35

修改后　　　　　　　　　图3-36

在滤色模式下，如果混合的图层中有黑色，黑色将会消失，因此这个模式也通常用于去除图层中深色的部分，如抠选烟花、光晕等黑底或深色底素材。以图3-37所示的光晕素材为例，将图片置入文档后，选中光晕图层，将其图层混合模式修改为"滤色"，再适当调整其不透明度，即可得到图3-38所示的效果。

图3-37

图3-38

打开"每日设计"App，搜索关键词SP030302，即可观看使用滤色给照片加光晕的详细教学视频。

5.快速增强照片的对比度

在Ps中常用的图层混合模式还有柔光。柔光指的是使上层图像中亮的部分变得更亮，使暗的部分变得更暗。

在图3-39上创建图3-40所示的两种不同亮度的灰色图层，将灰色图层的图层混合模式修改为"柔光"，所得效果如图3-41所示。可以看到，亮的灰色叠加图像后变亮，而暗的灰色叠加图像后变暗。

图3-39

图3-40

在柔光模式下，使用同图叠加还可以提升图像的饱和度。以图3-39为例，复制背景图层，然后将复制出的图层的图层混合模式修改为"柔光"，效果如图3-42所示。

图3-41

图3-42

打开"每日设计"App，搜索关键词SP030303，即可观看使用柔光给照片增加对比度的详细教学视频。

6.一键导出所有图层

保存图层可以方便我们对文档的后续调整，单独的图层保存下来还能多次利用，因此掌握图层的保存方法很有必要。

存储带图层的文件格式

执行"文件-存储"命令或"文件-存储为"命令，在弹出的对话框中选择文件的保存类型为"PSD"，即可将文件存储为带图层的文件格式。注意，要勾选"存储"选项中的"图层"选项，如图3-43所示。

图3-43

单独保存图层

除了将文件存储成带图层的文件格式，我们还可以将图层单独保存起来，方便日后将其作为素材使用。

以图3-44中选中的图层为例，选中图层后，单击鼠标右键，在弹出的菜单中选择"导出为"选项，打开"导出为"对话框，如图3-45所示。在对话框中选择图层存储的格式，设置导出的图像大小和画布大小等参数。设置完成后，单击"全部导出"按钮，将弹出"导出"对话框，在对话框中可更改存储文件名和文件格式，最后单击"保存"按钮即可。此外，使用"导出为"命令，可以同时选中多个图层进行导出。

在"图层"面板中选中图层后，单击鼠标右键，在弹出的菜单中选择"快速导出为PNG"选项，可以跳过导出设置，将图层快速导出为PNG图片。

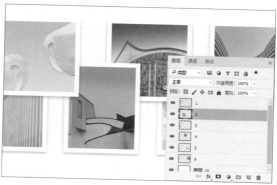

图3-44

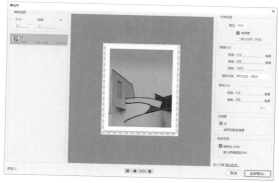

图3-45

将图层导出到文件

在Ps中还有一个功能可以快速将文件中所有图层进行单独保存，那就是"将图层导出到文件"功能。执行"文件－导出－将图层导出到文件"命令，可以打开"将图层导出到文件"对话框，如图3-46所示。在对话框中可以选择导出的目标文件夹，设置文件名的前缀，还可以选择图层存储的文件类型。设置完参数后，单击"运行"按钮，系统将自动把每一个图层保存成单独的文件。

图3-46

关于文件类型的选择，如果选择为"JPG"和"PNG"等格式，导出图层时只能保存画布中显示的部分，只有选择为"PSD"格式，导出图层时才能保存图层中完整的图像，即保留位于画布之外的像素。

提示 ⚡

　　导出的图片透明像素较多时，可以执行"图像-裁切"命令，在弹出的"裁切"对话框中选择"透明像素"选项，单击"确定"按钮，快速对多余的透明像素进行裁剪。

训练营2：猫咪图鉴

提供的素材

完成范例

　　使用提供的素材完成猫咪图鉴的制作。

核心知识点 置入图片、新建图层、图层的关系调整、图层的排列、自由变换、剪贴蒙版等

图像大小 1000像素×1200像素

颜色模式 RGB模式

分辨率 72像素/英寸

背景颜色 素材背景颜色

训练要求

（1）将提供的猫图片素材置入圆形素材之中，只允许使用提供的素材进行排列。

（2）作业需要在提供的模板中进行。

（3）调整图层的上下关系、排列位置等，使用剪贴蒙版，制作出整齐的排列效果，排列顺序需与完整的范例效果一致。

　　　打开"每日设计"App，进入本书页面，在"训练营"栏目可以找到本题。提交作业，即可获得专业的点评。

　　一起在练习中精进吧！

选区：更快、更准地找到"你"

每日设计

有位资深Ps专家是这样描述选区功能运用的重要性的——"Ps其实就是一种选择的艺术"。

本课就来主要讲解一下Ps中用于创建选区的各种工具，以及如何更快、更准确地抠图（做选区），并通过多个典型的案例帮助读者巩固所学内容。

1.创建选区的工具和选区的基本操作

选区是在Ps中进行精细化操作的重要功能，创建选区后可以控制操作区域、抠选图像、创建蒙版等。

选区在Ps中主要是用来控制下一步操作的，它只对当前图层选择的区域起作用。例如使用矩形选框工具绘制一个矩形选区，然后新建一个图层，使用画笔工具在选区附近绘制线条，可以看到线条只在选框中显示，如图4-1所示。

图4-1

创建选区的工具

在Ps中，最常用的创建选区的工具都在工具箱中。其中，在移动工具的下方有图形选框工具组，这个工具组里包括矩形选框工具、椭圆选框工具等，如图4-2所示。

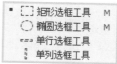

图4-2

在图形选框工具组的下面有套索工具组，包括套索工具、多边形套索工具等，如图4-3所示。

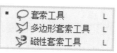

图4-3

在套索工具组的下面有快速选择工具组，包括对象选择工具、快速选择工具和魔棒工具，如图4-4所示。

上述三个工具组是Ps中较常用的三个创建选区的工具组，此外，常用的创建选区工具还有钢笔工具，这些工具的详细用法与实际应用将在后面的课程中讲解。

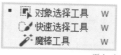

图4-4

选区的基本操作

在使用选区工具前，还需要了解选区的基本操作，其中包括全选、移动选区、反选、取消选择、羽化和变换选区等。

全选

选区的大部分操作都能在"选择"菜单下找到。"选择"菜单的第一个命令是"全部",快捷键是Ctrl+A,这个命令可以全选整个画布的范围,如图4-5所示。创建选区后,画布的边缘就会出现闪烁的虚线,也叫蚂蚁线,代表已经创建好了选区。选区的范围就是蚂蚁线包围的区域。

图4-5

移动选区

创建选区后,在选区范围内,按住鼠标左键即可对选区进行拖曳。

注意,一定要在选中选区工具的状态下进行拖曳。如果选中移动工具进行拖曳,就会改变选区内图片的像素。

反选

如果需要选择选区以外的范围,可以对选区进行反选。反选的方法是在选中选区工具的情况下,在选区内单击鼠标右键,在弹出的菜单中选择"选择反向"选项。

取消选择

如果需要取消选择,按快捷键Ctrl+D即可。因为在Ps中只能创建一个选区,所以在创建选区的情况下再次使用选区工具,原来创建的选区就会消失。

羽化

使用羽化功能,可以让选区的边缘变柔和。对选区进行羽化的方法是创建选区,然后在选区上单击鼠标右键,在弹出的菜单中选择"羽化"选项,如图4-6所示,打开"羽化选区"对话框,如图4-7所示,设置"羽化半径"的数值。

下面使用选区和油漆桶工具来对比不同羽化半径的效果。新建一个图层,绘制矩形选区,然后使用油漆桶工具对选区进行填色。在选区没有羽化的情况下,填色后矩形的边缘是锐利的;选区羽化后,填色的边缘就变柔和了。此外,羽化半径的数值越大,边缘越柔和,如图4-8所示。

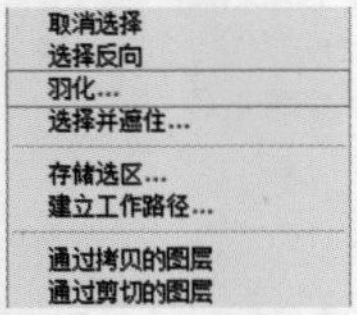

图4-6

羽化选区	×
羽化半径(R): 20 像素	确定
□ 应用画布边界的效果	取消

图4-7

图4-8

变换选区

在创建选区后，可以改变选区的形状。以矩形选框工具为例，在创建选区后，在选区内单击鼠标右键，在弹出的菜单中选择"变换选区"选项，如图4-9所示，就可以对选区进行调整了。选区形状调整好后，按Enter键即可完成选区变形。

图4-9

提示 ⚡

变换选区与自由变换的区别

变换选区需要在选中选区工具的情况下进行。如果在选中移动工具的情况下，使用快捷键Ctrl+T进行自由变换，那么改变的将是图片的像素，而不是选区的形状。

2.选区的"加、减、乘、除"

使用单一的选区工具一般难以选中形状复杂的物体或区域。因此，使用选区工具时，可以通过选区的"加、减、乘、除"，也就是选区的布尔运算，来实现多种选区工具的相互配合，用简单的选区工具创建出精准、复杂的选区。选中矩形选框工具等创建选区的工具后，在属性栏中就能找到实现选区的布尔运算的三个操作按钮——添加到选区 ▣ 、从选区减去 ▣ 和与选区交叉 ▣ ，如图4-10所示。

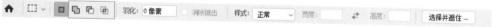

图4-10

在已创建选区的情况下，按住Shift键后可添加选区，按住Alt键可删减选区，同时按住Shift键和Alt键则可选中两个选区交叉的区域，效果如图4-11所示。

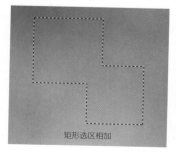
矩形选区相加

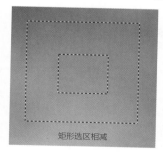
矩形选区相减

椭圆选区相交

图4-11

打开"每日设计"App，搜索关键词SP030401，即可观看选区的布尔运算的详细教学视频。

3.快速选中简单形状

掌握了选区的工具、选区的基础操作和选区的布尔运算后，这一节首先来讲解如何使用形状选区工具组快速选中形状简单的物体或区域。在形状选区工具组中较常用的是矩形选框工具和椭圆选框工具。下面将详细讲解矩形选框工具和椭圆选框工具的用法和实际操作案例。

矩形选框工具

矩形选框工具主要用来选择矩形的物体或区域。选中矩形选框工具后直接在画面上拖曳鼠标光标，即可绘制矩形选区；按住Shift键并拖曳鼠标光标，可以绘制正方形选区。

下面使用矩形选框工具将风景图片融入图4-12所示的画框中。使用移动工具将风景图片拖曳到图4-12中，用矩形选框工具选中画框的区域，再用反选功能选中画框以外的区域，将画框以外的图片像素删除，效果如图4-13所示。

修改前　　　　　　　　　图4-12

修改后　　　　　　　　　图4-13

提示 ⚡

在使用形状选区工具绘制选区的过程中，可以按住空格键移动选区，移动到合适的位置后，松开空格键可以继续绘制。在移动选区的过程中，不能松开鼠标左键，否则选区的绘制将会中断。

椭圆选框工具

椭圆选框工具主要用来选择椭圆或圆形的物体或区域。选中椭圆选框工具后直接在画面上拖曳鼠标光标，即可绘制椭圆选区；按住Shift键并拖曳鼠标光标，可以绘制圆形选区。

下面使用椭圆选框工具将图4-14中的月亮融入图4-15所示的天空中。操作要点是，在使用椭圆选框工具的情况下，按住Shift键创建圆形选区框选月亮，再使用移动工具将月亮拖曳到背景图中，调整其位置，效果如图4-16所示。

图4-14 　　　　　　　　　　　　图4-15 　　　　　　　　　　　　图4-16

打开"每日设计"App，搜索关键词SP030402，即可观看矩形选框工具和椭圆选框工具的详细教学视频。

4.快速选中对象

在Ps中，系统提供了一些非常智能的选择工具，如对象选择工具、快速选择工具和魔棒工具，使用这些工具时系统将对图像或区域进行分析，智能地创建选区。

选中主体对象

选中对象选择工具、快速选择工具和魔棒工具时，属性栏上都会出现"选择主体"按钮。单击"选择主体"按钮后，系统将自动分析画面的主体，然后选中主体的区域。以图4-17为例，画面主体是三只小狗，系统通过分析就自动框选了三只小狗的区域。对于一些主体非常明确的图片，使用这个功能可以快速选中主体对象。

图4-17

对象选择工具

　　对象选择工具是Ps 2020版本引入的新功能，使用该工具选择对象的大致区域后，系统将自动分析图片的内容，从而实现快速选择图片中的一个或多个对象。

　　对象选择工具有两种选择模式，分别是矩形和套索，如图4-18所示。使用对象选择工具

图4-18

时，先选中想要的对象的范围，然后使用选区的布尔运算增加或删减选区，这样可以比较精准地选中对象，如图4-19所示。

图4-19

快速选择工具

　　快速选择工具的用法与画笔工具类似，选中快速选择工具后在想要选中的对象上涂抹，系统就会根据涂抹区域的对象自动创建选区。对于对象边缘的细节，可以缩小画笔来选择。快速选择工具通常用于选择边缘比较清晰的对象，可以轻松做到精准选择，如图4-20所示。

图4-20

 提示 ⚡

快速选择工具调整画笔大小的快捷键与画笔一样，为中括号键"〔 〕"，按左中括号键"〔"可以缩小画笔，按右中括号键"〕"可以放大画笔。

打开"每日设计"App，搜索关键词SP030403，即可观看快速选中对象的详细教学视频。

5.快速选中颜色

在Ps中，除了可以根据图像中的对象来创建选区，还可以根据颜色来创建选区，这主要用到的是魔棒工具和色彩范围功能。

魔棒工具

魔棒工具是基于颜色来创建选区的，以图4-21为例，使用魔棒工具在画面的黄色区域单击，系统将自动选择画面中字母外的黄色区域。字母缝隙中的黄色区域没有被选中，是因为在魔棒工具属性栏上勾选了"连续"选项，如果取消勾选"连续"并再次单击画面中的黄色区域，就可以看到画面中所有的黄色区域都被选中，如图4-22所示。

图4-21 图4-22

在使用魔棒工具时，还需要注意属性栏上的"容差""消除锯齿"和"对所有图层取样"三个选项的设置，如图4-23所示。

容差指的是选择颜色区域时，系统可以接受颜色范围的大小。设置的容差越大，系统创建选区时选择的颜色范围就越大。基于这个原理，使用魔棒工具时，需要根据想要颜色的精准度来设置容差。在涉及对多个图层取样时，需要勾选属性栏上的"对所有图层取样"选项。"消除锯齿"选项可以平滑选区边缘，一般建议勾选。

图4-23

色彩范围

色彩范围的工作原理与魔棒工具类似，也是根据颜色建立选区。执行"选择-色彩范围"命令，即可打开"色彩范围"对话框，如图4-24所示。

图4-24

打开"色彩范围"对话框后，可以在画布上看到一个吸管，在画布上单击即可选中画布上与该点颜色一致的范围，按住Shift键再次在画布上单击，可以增加选择的颜色范围。

提示 ⚡

使用色彩范围建立选区，由于系统的判断还不够精准，在复杂图像的边缘区域可能会出现误差。执行"选择-修改-收缩"命令，可以对选区进行统一修改，将选区向内收缩少许像素，让选区更贴紧对象的边缘，如图4-25所示。如果想要对象的边缘更加自然平滑，还可以使用羽化选区功能。

基于图层的形状可以还原出选区，按住Ctrl键，在"图层"面板中单击图层缩略图即可。以上面使用色彩范围抠选出来的老鹰为例，按住Ctrl键，在"图层"面板中单击老鹰图层缩略图，即以老鹰的形状创建选区，如图4-26所示。

图4-25   图4-26

　　　　打开"每日设计"App，搜索关键词SP030404，即可观看快速选中颜色的详细教学视频。

6.准确选中方正物体

要注意的是，不是所有图片都能使用前面的快速选择工具来创建选区。举个例子，使用快速选择工具选择对象，需要图片的背景比较单纯，而且对象的边缘比较清晰。例如图4-27，图片背景比较复杂且昆虫由于景深存在虚化的部分，所以使用快速选择工具就无法精准地选择，如图4-28所示。

因此，对于一些背景比较复杂，无法快速精准选择对象的图片或一些抠图要求特别高的情况，就需要用到多边形套索工具、钢笔工具，以及选择并遮住功能等来精准选中对象。

本节首先来讲解如何使用多边形套索工具准确选中方正物体。

多边形套索工具在工具箱的套索工具组中，通过单击绘制线条，最终多条直线形成闭合的选区，其多用于选择一些边缘锐利的区域或对象。在绘制过程中鼠标光标靠近起点的时候，右下角会出现一个小圆圈，单击即可形成闭合的选区。

图4-29所示的是一张建筑物和夜晚天空的图片，本案例需要把天空从白天换成黑夜。使用移动工具将天空的素材复制到建筑素材中，进行自由变换，调整好图片的大小和位置。选择天空的素材图层，将其隐藏。接着使用多边形套索工具，沿着建筑的边缘绘制选区，绘制好选区后，再把天空素材显示出来。反选选区，把建筑区域上的天空部分删除，取消选区，效果如图4-30所示。

图4-27 图4-28

图4-29 图4-30

打开"每日设计"App，搜索关键词SP030405，即可观看准确选中方正物体的详细教学视频。

7.准确选中不规则物体

抠图时我们还经常需要抠选边缘不规则的物体，多边形套索工具无法创建曲线边缘，因此这时候就需要用到钢笔工具和选择并遮住功能。

钢笔工具

精准抠图还会经常使用到钢笔工具。钢笔工具是一个非常灵活的工具，使用钢笔工具可以绘制直线、曲线、形状、路径，以及建立选区。钢笔工具位于工具箱中，是一个钢笔头一样的按钮，单击该按钮即可使用钢笔工具。

绘制直线

使用钢笔工具在画布上单击创建出第一个锚点，再单击创建出第二个锚点，两个锚点连接成一条直线，如图4-31所示。

绘制闭合区域

单击创建多个锚点，在鼠标光标靠近起始锚点时，鼠标光标旁会出现一个小圆圈，此时单击即可形成一个闭合的路径。按快捷键Ctrl+Enter，即可把路径转换为选区，如图4-32所示。

绘制曲线

单击创建第一个锚点时，按住鼠标左键不松开，向下拖曳可拉出一个方向控制柄，创建出曲线的第一个锚点。接着创建另一个锚点时，按住鼠标左键的同时，向上拖曳拉出方向控制柄，绘制出一条曲线，如图4-33所示。如果想要结束线段的绘制，可以按Esc键退出绘制状态。

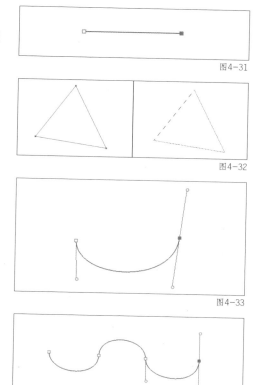

图4-31

图4-32

图4-33

图4-34

创建锚点时将方向控制柄依次向相反方向拖曳，可以绘制连续的S形曲线，如图4-34所示。

在选中钢笔工具的状态下，按住Ctrl键可以控制锚点和线段，按住Alt键可以控制方向控制柄，改变线条的弧度。如果想要删减锚点，可以把鼠标光标对准想要删除的锚点，鼠标光标右下角会出现一个减号，这时单击锚点即可将其删除。

绘制直线和曲线相结合的线段

先绘制一条曲线，之后，第二个锚点上有两个方向控制柄，直接单击其他位置创建下一个锚点，绘制出来的线段将会是一条弧线；先按Alt键删除第二个锚点的一个方向控制柄，然后单击创建新的锚点即可绘制出曲线后的直线线段。如果想要再次绘制曲线，可以按住Alt键，在锚点上拖曳出一个方向控制柄，即可继续绘制曲线，如图4-35所示。

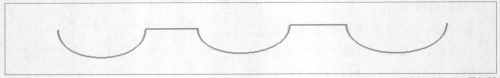

图4-35

绘制连续的拱形

先绘制出第一个拱形，然后按住Alt键，把下方的方向控制柄调整到相反的方向，接着创建下一个锚点。在创建下一个锚点时，同样按住Alt键把下方的方向控制柄调整到相反的方向。重复这样的操作，即可画出连续的拱形，如图4-36所示。

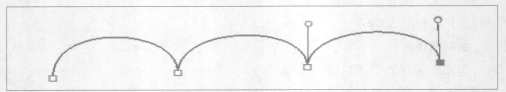

图4-36

下面通过一个案例来讲解钢笔工具的实际操作。制作的素材有香水瓶素材图片和背景图片，如图4-37所示。使用钢笔工具沿着香水瓶的边缘绘制闭合路径，按快捷键Ctrl+Enter将香水瓶轮廓的路径转换为选区，再按快捷键Ctrl+J将香水瓶从背景图层中复制为新图层。使用移动工具将抠选出来的香水瓶放到背景图片中，调整其位置，即可制作出有质感的香水展示图，如图4-38所示。

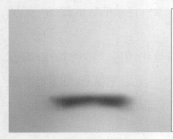

图4-37

图4-38

提示 ⚡

使用钢笔工具抠图时，可以将图像放大来提升抠图的精细程度，但是不需要放大太多，放大到能够清晰看到物体的边缘即可。

打开"每日设计"App，搜索关键词SP030406，即可观看钢笔工具的详细教学视频。

选择并遮住

选择并遮住功能在Ps的旧版本中被称为调整边缘，这个功能多用于选择人物或动物毛发这类边缘复杂的对象。下面通过一个例子来讲解选择并遮住功能的实际运用方法。本案例中使用的素材有长颈鹿图片和背景图片，如图4-39所示，案例制作的最终效果如图4-40所示。

图4-39

图4-40

打开长颈鹿图片，选中对象选择工具，单击属性栏上的"选择主体"按钮即可选中长颈鹿。使用缩放工具可以看到，系统自动选择的长颈鹿的边缘毛发并没有被准确选中，所以需要使用选择并遮住功能对毛发区域进行调整。在使用对象选择工具的状态下，在属性栏上单击"选择并遮住"按钮，即可进入"选择并遮住"界面。进入后的界面如图4-41所示。

图4-41

在界面的右边，可以看到"属性"面板，最上面有"视图模式"区域，在其中的"视图"下拉菜单中可以选择不同的视图模式，以更好地观察调整的结果，如图4-42所示。

因为长颈鹿图片原来的背景是白色的，视图如果用白色背景看起来就不够清楚，所以将"视图"选择为"黑底"。在工作区中黑底半透明的部分是图中没有被选中的部分，而中间颜色鲜艳的部分是已经被选中的部分，如图4-42所示。

图4-42

接下来对边缘进行调整，在界面左边的工具箱中找到调整边缘画笔工具，其使用方法与画笔工具类似。调整边缘画笔到合适的大小后，就可以对一些选择不准确的边缘进行涂抹，涂抹边缘后系统就会重新计算，得出更好的边缘选择效果。

提示 ⚡

调整边缘画笔大小的方法与调整画笔大小的方法一致，可以通过英文输入法状态下的中括号键"[ ]"进行调整，按左中括号键"["可以缩小画笔，按右中括号键"]"可以放大画笔。

调整好边缘以后，在"属性"面板下方可以进行输出设置，可将边缘调整的结果输出为选区或蒙版图层。本案例将长颈鹿调整好的结果输出为"新建图层"。

使用移动工具将新建的长颈鹿图层移动复制到背景图片中，将长颈鹿进行自由变换，调整其大小、角度、位置等，再把长颈鹿超出画框的范围删除即可完成本案例的制作。

打开"每日设计"App，搜索关键词SP030407，即可观看选择并遮住功能的详细教学视频。

8.利用通道选中半透明物体

气泡、火焰、水等素材很难通过常规的抠图方法抠选，这时候就需要借助通道进行抠图，具体方法如下。

复制红色通道并用色阶增强对比

执行"窗口－通道"命令打开通道面板，首先复制一份红色通道，然后将复制出来的红色通道副本用色阶命令增强对比。增强对比是为了让通道中的黑白关系更分明，使通道转为选区时，选区更干净，如图4-43所示。

> **提示** ⚡
>
> 复制出来的通道只包含选区信息，不包含颜色信息。图片的颜色信息仅存储于单色通道中。

修改前　　　　　　　　　　　　　　　　修改后　　　　　　图4-43

载入选区并添加图层蒙版

　　将红色通道副本转换为选区并基于选区添加图层蒙版，这样水母就被抠选出来了，如图4-44所示。对于边缘复杂且主体与背景之间存在半透明混合关系的图片来说，这种抠图方法非常有效。

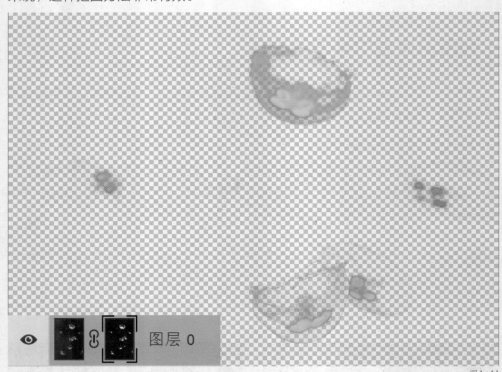

图4-44

提示 ⚡

　　在通道中，黑色对应选区的不选，灰色对应选区的部分选择，白色对应选区的全选。将选中的通道拖曳至"将通道作为选区载入"按钮 ⊙ 上，即可将该通道的信息转化为选区。

合成并调整细节

　　将抠好的水母素材置入小狗素材中，便可以看到水母被很好地抠选出来了。将水母素材复制一份，用两个水母素材图层填满整个画面，营造出梦幻的气氛，再用曲线调整图层，简单调整一下整体色调，最终效果如图4-45所示。

图4-45

　　打开"每日设计"App，搜索关键词SP030408，即可观看利用通道选中半透明物体的详细教学视频。

训练营3：男士服装广告

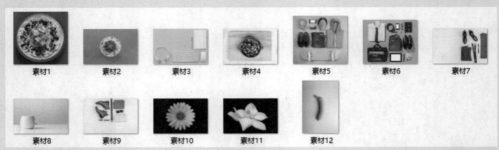

提供的素材

完成范例

使用提供的素材完成男士服装广告设计。

核心知识点 使用图形选区工具、套索工具、快速选择工具、魔棒工具、钢笔工具等选中目标对象，并排列出整洁的作品

图像大小 1514像素×472像素

背景颜色 自定

颜色模式 RGB模式

分辨率 72像素/英寸

训练要求

（1）灵活使用图形选区工具、套索工具、快速选择工具、魔棒工具、钢笔工具选中目标对象。

（2）作业需要符合图像大小、背景颜色、颜色模式、分辨率的规范。

（3）只允许使用提供的素材进行排列，但排列方式不一定与范例图一模一样，可以根据自己的创意进行排列，但是画面需做到整洁、美观。

 打开"每日设计"App，进入本书页面，在"训练营"栏目可以找到本题。提交作业，即可获得专业的点评。

一起在练习中精进吧！

第 5 课

蒙版：不损伤素材的精细化"P图"技术

 每日设计

蒙版可以用来遮挡图层中不需要显示的内容，可以用来融合多张图片，可以针对选区进行精细化的调整。同时，使用蒙版也可以避免损伤素材，便于我们对作品的反复调整。

本课的主要内容包括蒙版的工作原理、基础操作，以及蒙版的典型应用案例。本课以案例为主，通过多个案例的反复练习，帮助读者真正掌握蒙版的用法。

1.三种颜色，告诉你蒙版的工作原理

在使用蒙版进行操作前，首先需要了解蒙版的工作原理。

蒙版是一种遮罩工具，可以把不需要显示的图像遮挡起来，在"图层"面板中，蒙版显示为一个"黑白板"，下面先通过一个简单的案例来认识蒙版。

打开图5-1所示的两张素材，使用多边形套索工具基于电脑屏幕创建选区，将森林素材复制并粘贴到电脑屏幕选区。此时可以看到，森林素材嵌入电脑屏幕中，同时在"图层"面板中出现了"图层2"图层，该图层旁边有一个黑白图像，这个黑白图像就是蒙版，蒙版的黑色区域将电脑屏幕以外的森林遮挡住了，如图5-2所示。

图5-1

图5-2

接下来我们通过一个小案例来剖析蒙版的工作原理。打开图5-3所示的两张素材，将云雾素材复制并粘贴到森林素材中。此时在"图层"面板中，云雾素材在上方，森林素材在下方。选中云雾素材并单击"图层"面板底部的"添加图层蒙版"按钮 ▣，在云雾素材图层的右侧将生成一个白色蒙版。用黑色画笔在蒙版上涂抹，涂过的地方会变成黑色，黑色区域下层的像素会显示出来，白色区域显示的依然是云雾素材的像素。因此，

图5-3

图5-4

在蒙版中，黑色蒙版用于屏蔽当前图层的像素，白色蒙版用于完全显示当前图层的像素，如图5-4所示。

提示 ⚡

在"图层"面板中，选中蒙版时，蒙版周围会出现一个框；选中图层时，图层周围会出现一个框。用画笔涂抹蒙版前，要先确认框在蒙版上再进行涂抹，避免在图层上涂抹。

选中蒙版并用画笔在蒙版中涂抹，无论前景色是什么颜色，在蒙版中涂出来的都是黑色、白色或灰色。在蒙版上涂抹灰色后，两个图层的像素会混合在一起，所以灰色蒙版可以对当前图层的像素起到半隐半显的效果，如图5-5所示。

图5-5

蒙版与像素的显隐关系

总体来说，蒙版上的黑色表示"隐藏"，蒙版上的白色表示"显示"，蒙版上的灰色表示"部分隐藏（半隐半显）"。

蒙版与选区的关系

建立一个选区，然后把它转换成蒙版。可以看到选中的区域在蒙版中是白色的，即显示图层中的像素。而没有选中的区域在蒙版中显示为黑色，即该区域的像素被完全

图5-6

隐藏，显示出下方图层的颜色。所以在蒙版中，白色表示全选，黑色表示不选，灰色表示部分选择。

蒙版与像素的显隐关系、蒙版与选区的关系如图5-6所示。

蒙版在修图时被使用得非常频繁，它可以用于合成多个图像，合成效果不理想时还可以反复修改直至满意；可以用于创建复杂选区，做选区时可以借用多种绘图工具，如画笔、钢笔、选区类工具等。此外，"图层"面板中的调整图层默认带一个蒙版，用于控制调色命令作用的区域，以实现精细的局部色彩调整。

接下来就一起进入蒙版的操作学习吧！

2.这几种工具与图层蒙版更匹配

在Ps中，蒙版主要包含图层蒙版、快速蒙版、剪贴蒙版等，本节首先讲解图层蒙版的使用方法。图层蒙版位于"图层"面板，是蒙版中使用率较高的，需重点掌握。

图层蒙版的基础操作

建立白蒙版／黑蒙版

选中图层，执行"图层－图层蒙版－显示全部"命令可建立一个白色蒙版，执行"图层－图层蒙版－隐藏全部"命令可建立一个黑色蒙版，如图5-7所示。此外，在"图层"面板底部单击"添加图层蒙版"按钮 ▣ 也可以创建蒙版。

删除蒙版

选中蒙版，执行"图层－图层蒙版－删除"命令可将蒙版删除。在"图层"面

板中将蒙版拖曳至 "删除" 按钮 🗑 上也可将蒙版删除。

从选区中建立蒙版

创建一个选区，在 "图层" 面板中单击 "添加图层蒙版" 按钮可创建一个基于选区的白色蒙版。创建一个选区，在 "图层" 面板中按住Alt键单击 "添加图层蒙版" 按钮可创建一个基于选区的黑色蒙版，如图5-8所示。

停用／启用图层蒙版

在图层蒙版上单击鼠标右键，在弹出的菜单中选择 "停用图层蒙版" 选项可以暂时关闭蒙版，此时蒙版上会出现一个红色的X。蒙版被停用后，在图层蒙版上单击鼠标右键，在弹出的菜单中选择 "启用图层蒙版" 选项即可恢复蒙版的作用，如图5-9所示。

图5-7

图5-8

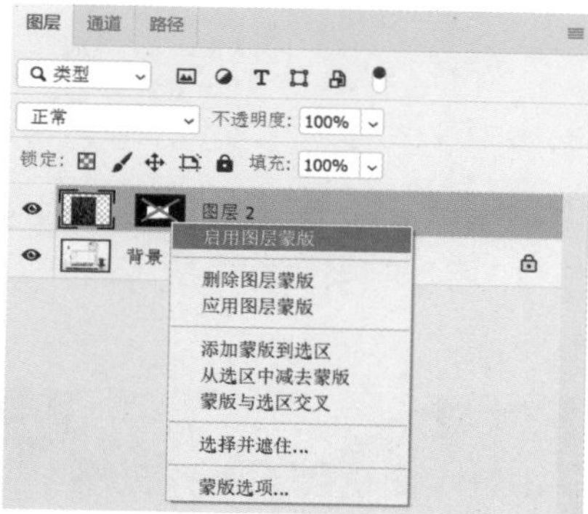

图5-9

图层蒙版的常用操作工具

想用蒙版实现 "遮挡、融合、精细化调整"，需要借助多种工具，如选区类工具、画笔工具、渐变工具等。下面通过演示多个简单的小案例，帮助读者熟练掌握这些用于操作蒙版的工具。

选区类工具

建立蒙版的方法有两种：一种是先蒙后选（先创建蒙版，再创建选区）；另一种是先选后蒙（先创建选区，再创建蒙版）。使用选区类工具建立蒙版主要采取的是先选后蒙的方法，图5-10所示的案例就是使用选区类工具先选出天空的区域，然后再使用蒙版替换天空。

图5-10

打开"每日设计"App，搜索关键词SP030501，即可观看选区类工具配合图层蒙版的详细教学视频。

画笔工具

画笔工具可以灵活地控制蒙版，精准地描绘出显示或隐藏的范围，操作方法为使用黑色、灰色或白色画笔在蒙版中涂抹。在使用画笔涂抹时一定要注意选中的是蒙版（而非图层）。此外，在涂抹时可以根据需求选用不同的画笔笔刷。图5-11所示的案例就是使用画笔工具涂抹蒙版，使风沙素材与车辆素材很好地融合在一起。

图5-11

打开"每日设计"App，搜索关键词SP030502，即可观看画笔工具配合图层蒙版的详细教学视频。

渐变工具

在图层蒙版中创建渐变（通常是由黑到白），可以让图片快速、自然地融合起来。渐变的起始位置、结束位置和渐变的长度都会影响融合的效果。如果第一次创建渐变的效果不理想，可以尝试多创建几次。图5-12所示的案例就是使用渐变工具将城市背景素材与太空素材进行融合的。

修改前

修改后　图5-12

打开"每日设计"App，搜索关键词SP030503，即可观看渐变工具配合图层蒙版的详细教学视频。

3.名副其实的快速蒙版

快速蒙版位于工具箱下方，如图5-13所示，可以用于做出较为复杂的选区。单击"快速蒙版"按钮 （快捷键为Q）切换至快速蒙版状态后，可使用多种绘图类工具、选区类工具对蒙版进行操作，并且选区处于"可见"的状态（默认显示为半透明的红色）。下面通过一个实例认识快速蒙版。

图5-13

利用蒙版融合素材

打开素材"酒瓶1"，单击"快速蒙版"按钮 ，在快速蒙版状态下，用黑色画笔在公路包围的森林区域涂抹，涂抹后的区域会变成红色，如图5-14所示。涂抹成红色的区域为选中区域，再次单击快速蒙版按钮，红色消失，选区出现，如图5-15所示。

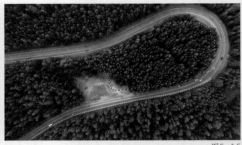

图5-14

图5-15

将素材"酒瓶2"贴入快速蒙版创建的选区中，如图5-16所示。

用套索工具沿素材"酒瓶2"的纹路绘制选区（不需要很精细），然后贴入素材"酒瓶3"。置入素材"酒瓶4"，为其添加一个白色蒙版，用黑色画笔在蒙版中涂抹，隐藏不需要的部分，融合素材，如图5-17所示。在这里除了练习快速蒙版，也能回顾其他几种蒙版的操作方法。

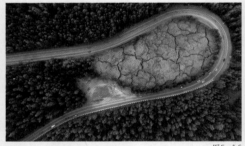

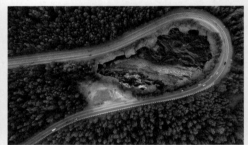

图5-16

图5-17

置入酒瓶并制作酒瓶投影

置入素材"酒瓶5"，调整其大小和角度，然后为其制作投影，增加酒瓶真实感，如图5-18所示。

利用蒙版增加合成细节

置入素材"酒瓶6"，添加白色蒙版后，用黑色画笔在蒙版上涂抹，使云雾融入当前场景，丰富画面细节，如图5-19所示。

图5-18

图5-19

提示 ⚡

　　在编辑快速蒙版时，用黑色画笔涂抹后画面中会显示一块红色区域（表示选中），用白色画笔涂抹会擦除红色（表示不选中），双击"快速蒙版"按钮可以设置红色区域对应选中区域还是非选中区域。

　　打开"每日设计"App，搜索关键词SP030504，即可观看快速蒙版的详细教学视频。

4.一招做出文字剪影

　　在Ps中还有一个非常常用且方便的蒙版——剪贴蒙版。使用剪贴蒙版可以轻松实现图层间的互相覆盖、镶嵌的效果。下面通过一个简单的文字剪影案例来讲解剪贴蒙版的使用，案例效果如图5-20所示。

图5-20

　　使用剪贴蒙版功能前，需要调整图层的上下关系，显示的图层应置于其遮盖对象图层的下方。在图5-21所示的素材文件中，需要先将文字图层调整至小鹿图层的下方，如图5-22所示。

图5-21

图5-22

调整好图层的上下关系后，选中小鹿图层，单击鼠标右键，在弹出的菜单中选择"创建剪贴蒙版"选项，即可制作出图5-20所示的效果。选中图层后，按住Alt键，当鼠标光标移到两个图层之间，变成图5-23所示效果时，单击

图5-23

图5-24

该位置，可快速创建剪贴蒙版。创建为剪贴蒙版后的图层将显示为图5-24所示的效果。

 打开"每日设计"App，搜索关键词SP030505，即可观看使用剪贴蒙版制作文字剪影的详细教学视频。

小练习

请使用本节"小练习"文件夹中的素材，实现图5-25所示的放大镜效果，且移动放大镜，放大效果也将跟随移动。

图5-25

5.轻松打造白云、手中火焰效果

"混合颜色带"位于"图层样式"的"混合选项"中，如图5-26所示。类似于图层蒙版，混合颜色带不会改变像素，但是可以遮挡图片上不需要显示的部分。其工作原理是通过拖动黑色滑块控制图层中暗部的显示和隐藏，通过拖动白色滑块控制图层中亮

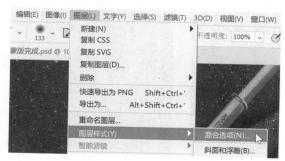

图5-26

部的显示和隐藏。下面通过具体的实例来认识混合颜色带。

用混合颜色带抠选白云

打开白云素材。其中白云属于亮部，蓝天及其他区域属于暗部。双击背景图层，将背景图层转换为普通图层，然后再次双击图层，打开"图层样式"对话框，在其中的"混合颜色带"选项中，拖曳本图层的黑色滑块即可隐藏白云以外的信息，按住Alt键拖曳黑色滑块可以将黑色滑块拆分，白云周围会变得柔和，效果如同羽化，如图5-27和图5-28所示。

图5-27

图5-28

用混合颜色带制作手中火焰效果

打开图5-29所示的两张素材图片，使用移动工具将火焰素材复制移动到手素材上方，然后双击火焰图层，打开"图层样式"对话框，在"混合选项"的选项卡中，找到"混合颜色带"设置区，将本图层的黑色滑块向右移动，直至火焰图层中的黑色基本消失，然后按住Alt键拖动黑色滑块的右半部分，使火焰的边缘变得柔和，最终效果如图5-30所示。

图5-29   图5-30

打开"每日设计"App，搜索关键词SP030506，即可观看使用混合颜色带抠选白云、制作手中火焰的详细教学视频。

6.制作具有互动感的社交平台截图效果

这个案例将带读者使用蒙版快速制作具有互动感的社交平台截图。打开界面素材，如图5-31所示。置入人物素材并调整其大小，使人物的脚刚好在图片区域外。可以暂时降低素材的不透明度来调整脚的位置，调整后再恢复不透明度，如图5-32所示。

用矩形选框工具创建选区并在人物图层上建立蒙版，如图5-33所示。

图5-31

图5-32

　　暂时停用图层蒙版，用钢笔工具把人物的腿部抠出来，按快捷键Ctrl+Enter将路径转换为选区，然后启用蒙版，并在蒙版上基于选区用白色画笔涂抹，如图5-34所示。进入图层蒙版视图的方法是按住Alt键并单击蒙版，再次按住Alt键单击蒙版即可退出图层蒙版视图。在图层蒙版视图中，只能看到黑白灰的蒙版信息。在编辑图层蒙版时，经常会用到这个操作。

图5-33

图5-34

　　图层蒙版确认后，人物腿部显示出来，并且伸至画面外，如图5-35所示。但是这样看起来会有些不真实，原因是缺少阴影。

　　新建一个空白图层，用小号的黑色画笔在脚附近涂抹，并将其移动到人物素材图层下方，作为脚的阴影，增加画面真实感。降低阴影所在图层的不透明度可以进一步加强阴影的真实感，如图5-36所示。这样案例就制作完成了。

图5-35

图5-36

　　打开"每日设计"App，搜索关键词SP030507，即可观看打造具有互动感的社交平台截图的详细教学视频。

7.制作微信登录页剪影效果

添加地球

　　置入地球素材，将星空素材的蒙版复制一份至地球素材上。由于地球素材的右上角有一些黑色背景，影响合成效果，所以在地球素材的蒙版中用黑色画笔涂抹，将其隐藏掉，如图5-37所示。

添加月球

　　置入月球素材，并将其置于地球素材的下方，如图5-38所示。

增加光晕效果

　　在地球素材下方建立新的背景图层，并沿着地球边缘涂抹白色，为地球素材增加边缘发光的效果。基于月球素材建立选区并扩展选区，使选区略大于月球素材，新建一个空白图层并填充白色，用模糊滤镜使其边缘虚化。为地球和月球增加光晕效果可使画面更加真实，如图5-39所示。

图5-37

图5-38

优化细节

整体效果实现后，需要检查画面并优化细节。此时画面中的人物不是很清晰，那么问题一定出在蒙版上（因为一直在使用蒙版）。检查星空素材的蒙版时会发现，人物周围的蒙版不是很清晰，因此用色阶命令和画笔工具继续优化人物边缘。这里需要强调蒙版的优势之一——非破坏性调整，蒙版可以通过反复修改来优化画面效果。

新建一个空白图层，用画笔工具为地面绘制一些草丛，增加画面细节。

案例最终效果如图5-40所示。

图5-39   图5-40

打开"每日设计"App，搜索关键词SP030508，即可观看制作微信登录页剪影效果的详细教学视频。

训练营4：蜗居

提供的素材

核心知识点 图层蒙版应用

图像大小 4096像素×2160像素

背景颜色 灰色

颜色模式 RGB模式

分辨率 72像素/英寸

完成范例

训练要求

（1）使用钢笔工具抠选图像，要求图像边缘平滑。

（2）熟练应用画笔工具，以及熟练变换笔刷的操作。

（3）绘制蒙版时，保证边缘过渡自然。

打开"每日设计"App，进入本书页面，在"训练营"栏目可以找到本题。提交作业，即可获得专业的点评。

一起在练习中精进吧！

第 **6** 课

调色：让色彩更美、更真实

 每日设计

很多人都有一个误区，认为调色就是改变图像色彩，其实调色有更重要的作用，那就是还原图像信息、改变图像气质。

本课将讲解调色的理论知识与工具的使用技巧，讲解的色彩基础知识包括影调、色彩三要素、色彩模式、色彩的冷暖感知、色彩搭配等；调色工具包括曲线、色相/饱和度、色彩平衡、可选颜色、黑白等。最后，本课还将通过对颜色校正和时尚大片色调两个案例的讲解，帮助读者了解调色的标准流程，熟悉工具的使用。

1.调色 ≠ 调"颜色"

调色，指的就是在Ps中对图片的色彩进行调整。而在实际的情况中一定要注意，一旦说要调色，那指的绝对不只是对色彩本身进行调整，它包含了对图片的影调和色彩的同步调整。

影调指的是图片的亮调、暗调、灰调。所有图片的色彩都是基于影调来呈现的，有了明暗关系，色彩才能够更好地呈现。色彩是传达情绪的语言，在实际工作中，不要过多考虑图片调成什么色彩好看，更多地要考虑图片的信息传达。信息传达准确了，图片一般不会太丑。

举一个例子，晚餐和蜡烛在人们心目中应该是温暖、温馨的状态，因此食物以暖色的方式呈现，看起来会让人有食欲。而图6-1所示的整体色调偏冷，让人没有食欲。通过色彩调整后，图6-2还原了烛光晚餐温暖的感觉，从而提升了图片的美感。

修改前　　　　图6-1　　　　修改后　　　　图6-2

调色除了可以改变图片的信息传达，还可以改变图片的气质。图6-3是一张彩色图片，因为整个画面中颜色比较鲜艳，色彩过于明亮，看起来比较俗气。而直接把图片调成黑白色，再加上明暗调的处理，整张图片就被赋予了时尚感，如图6-4所示。

修改前　　　　　　　　　　　　图6-3

修改后　　　　　　　　　　　　图6-4

调色也可以让图片的复古氛围更加明显。图6-5原本是一张普通的照片，而调色过后就能得到图6-6所示的油画效果。

修改前　　　　　　　　　　　　图6-5

修改后　　　　　　　　　　　　图6-6

调色可以让图片中时间的氛围更加明显。图6-7是在夕阳下拍摄的，但是从图片上看并没有傍晚的氛围。那么通过色彩的调整，让黄色的阳光变成橙色，让灰色的天空变成蓝色，加强饱和度和色相之间的对比，夕阳就变得更加明显，如图6-8所示。

修改前　　　　　　　图6-7　　　　　　　　　　修改后　　　　　　　图6-8

　　既然要学习调色，就不能单纯学习如何用工具对色彩进行调整，还必须知道色彩是什么，色彩为什么会好看，色彩该如何搭配等。只有理解了最基本的色彩理论，才能自如地调出自己想要的色彩，其中的一个重要概念就是影调。

　　影调，也被称为三大阶调，指的是图像的亮调（高光）、灰调（中间调）和暗调（阴影）。亮调指的是画面中相对较亮的区域，如图6-9中皮肤的部分，灰调指的是画面中看起来不太亮也不太暗的区域，暗调指的是画面中较暗的区域，如图6-9中头发的部分。大部分的影调人们用肉眼就能直接感受到。

　　影调指的是明暗关系，与色彩无关。在对画面的色彩进行调整时，通常会根据影调来调整局部色彩，进行色彩搭配，因此理解影调的知识，才能更好地调色。

图6-9

2.颜色百变的密码：色彩三要素

　　色彩三要素指的是描述色彩的三个维度——色相、饱和度和明度。

色相

　　色相指的就是人们口中常说的"赤橙黄绿青蓝紫"。色相通常以色轮的方式呈现，如图6-10所示。颜色在色轮上的位置需要记忆，特别是图6-10中重点标注的红、品红、蓝、青、绿、黄六个颜色的位置以及它们的相对位置。因为在Ps中进行调色时，大多数的调色都是以这六个颜色为锚点来进行的，如果不知道这几个颜色在色轮上的位置关系，就无法对色彩进行准确的调整。

这里提供一个记忆的小窍门。色轮一圈为360°，红色位于0°的位置，红色相对的颜色是青色，位于180°的位置；品红位于红色下方60°的位置，与品红相对的颜色是绿色；蓝色位于青色下方60°的位置，与蓝色相对的颜色是黄色。这六个颜色每两个之间相隔60°。

饱和度

饱和度指的是色彩的鲜艳程度，饱和度越高，颜色越鲜艳；饱和度越低，颜色越灰暗。如果饱和度调整到最低，图像就会变成黑白色。

明度

明度指的是色彩的明暗程度，明度越高，颜色越亮；明度越低，颜色越暗。如果明度调整到最高，颜色将变为纯白；相反，颜色将变为纯黑。这两种情况下，其余色相都会消失。

掌握色彩三要素的知识，可以将一个颜色调成另外一个颜色，如图6-11所示。调整的方法是选中颜色区域，先调整色相，如将蓝色调整为绿色，然后根据颜色的鲜艳程度和亮度来调整饱和度和明度。

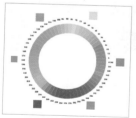
图6-10

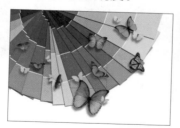
图6-11

打开"每日设计"App，搜索关键词SP030601，即可观看根据色彩三要素更换颜色的详细教学视频。

3.解读色彩的秘密语言

不同的颜色让人有不同的感觉，因此在思考配色时，我们还需要熟悉颜色给人带来的感受，掌握色彩的"秘密语言"。

色彩的冷暖

任何人看到某种颜色后就会接收到该颜色携带的信息，由此产生特定的色彩心理反应，从而产生某些感受。在调色时，需要了解不同色彩给人的不同感受，才会更好地传达色彩信息。其中，人对色彩一种最基本也是最直观的感受就是色彩的冷暖。

有一些颜色给人的感受是清冷的，如图6-12中的绿色、青色、蓝色。实际上，绿色是一个中性色，不过大部分人会觉得绿色看起来是偏冷的。

图6-12

图6-13所示的是自然界中的冷色，这些照片给人的感觉都比较干净，或比较清凉、寒冷。

图6-13

图6-14展现的是商业图片中冷色的运用。可以看到，所有图片要么让人感觉特别干净，要么让人感觉比较冷酷、硬朗。

图6-14

图6-14（续）

相对地，有一些颜色给人的感受是温暖的，如图6-15中的红色、橙色、黄色。另外，洋红跟绿色一样，也是中性色，不过大部分人会觉得洋红看起来是偏暖的。

图6-15

图6-16所示的是自然界中的暖色，这些照片会给人温暖、温馨、热烈等感受。

图6-16

色彩的艳丽和素雅

色彩饱和度的变化也会给人完全不同的感受。当色彩的饱和度较高时，画面会特别艳丽，如图6-17所示；当饱和度降低时，同样的一个画面却能呈现出素雅的感觉，如图6-18所示。

修改前　　　　　　　　　图6-17　　　　　　　　　　　　修改后　　　　　　　　　图6-18

色彩的性格属性

　　色彩还具有性格属性，如红色给人精力旺盛、冲动的感觉，黑色给人稳重的感觉等，常见的色彩性格属性如图6-19所示。了解这些色彩特征，就能在保证画面美观的情况下，传达更多有效信息（注意，不同的文化对于颜色的理解也有所不同，在使用之前要摸清受众的颜色偏好）。

红色	：冲动，精力旺盛，具有自立自强精神
橙色	：富于进取，开朗，和蔼
黄色	：胸怀远大理想，有为他人献身的高尚品格
绿色	：不以偏见待人，胸怀宽阔，思想开放
蓝色	：性格内向，责任感强，但偏于保守
紫色	：高雅，浪漫，神秘
黑色	：强大，沉稳，有影响力，时髦，严肃

图6-19

　　打开"每日设计"App，搜索关键词WZ030601，即可阅读《你不知道的颜色小秘密》，了解更多色彩的知识。

4.一个色轮，让新手掌握色彩搭配

　　色彩搭配指的是色彩对比方式。一般情况下，可以把色彩对比方式简单分为四类：同类色、邻近色、对比色和互补色。

同类色

　　同类色，指的是画面中颜色的色相比较相近的搭配，通常是色轮中间隔45°的色彩搭配，如图6-20所示。同类色搭配比同色系搭配颜色显得更丰富一些，同时色相柔和，颜色过渡看起来也很自然，如图6-21所示。

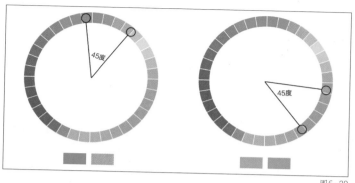

图6-20

图6-21

邻近色

邻近色，指的是色轮中间隔90°的色彩搭配，如图6-22所示。这一类搭配在画面色彩丰富的情况下，也不会让人觉得突兀。以图6-23为例，画面中的颜色非常丰富，但不会给人刺眼的感觉，整体感受是稳重的。

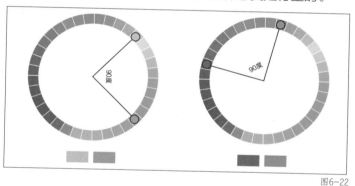

图6-22

图6-23

对比色

对比色，指的是色轮中间隔120°的色彩搭配，如图6-24所示。这一类搭配通常呈现华丽的氛围，如图6-25所示。对比色能强化视觉中心，小面积使用对比色会增强画面视觉冲击力。

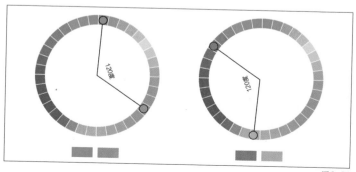

图6-24

图6-25

互补色

互补色，指的是色轮中间隔180°的色彩搭配，如图6-26所示。在所有色彩搭配中互补色是对比最强烈的。这一类搭配通常用来凸显画面中的某个对象。如图6-27所示，为了使房子在环境中更突出，设计师运用了互补色来设计房子的外部视觉。

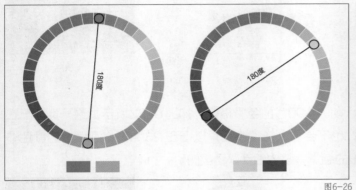
图6-26

图6-27

打开"每日设计"App，搜索关键词WZ030602，即可阅读《这些宝藏配色网站你一定不能错过》，了解更多配色的知识。

5.万能调色工具——曲线

"曲线"是常用的调色工具之一，几乎可以满足所有的调色需求，需要重点掌握。曲线可以调整图片的明暗和色彩。

认识曲线

给图片添加曲线调整图层后，"属性"面板将出现曲线调整的坐标轴，以RGB模式为例，如图6-28所示。这里简单地讲解一下曲线坐标轴中横轴和纵轴代表的含义。

横轴代表的是像素的明暗分布，最左边是暗调，最右边是亮调，中间就是中间调。

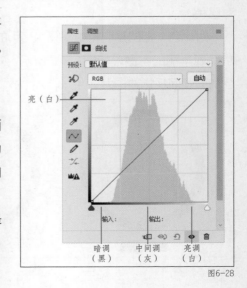
图6-28

提示 ⚡

调整图层与调色命令

在 Ps 中使用调整图层或调色命令都能进行调色。调整图层位于"图层"面板，如图6-29所示；调色命令位于"图像"菜单下的"调整"菜单中，如图6-30所示。调整图层与调色命令的功能基本一致。

调整图层与调色命令最大差别在于，使用调色命令对图片进行调整，其改变是不可逆的，会破坏原来图片的像素，属于破坏性编辑。而使用调整图层，所有的调色结果都将放在一个新的图层上，属于非破坏性编辑。因此，对图片进行比较复杂的调色处理时，建议使用调整图层。结合蒙版调整图层，对图片的局部进行精细调整，操作起来更加方便，还便于后续的修改和编辑。

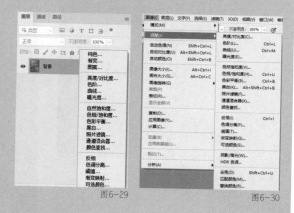

图6-29　　　　　　　　　　　图6-30

曲线中的对角线

"曲线"中间有一条对角线，操作曲线其实就是调整对角线的位置。在对角线上单击就可以建立一个点，然后对它进行上下调整。将点往上调整，对角线就会移动到原来位置的上方，图片就会变亮；将点往下调整，对角线就会移动到原来位置的下方，图片就会变暗，如图6-31所示，这就是使用曲线的基本方法。

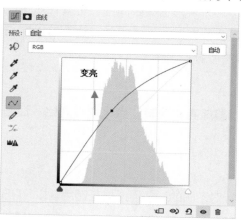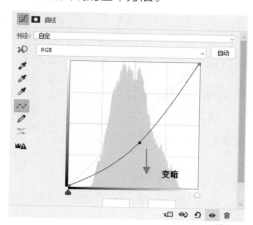

图6-31

使用曲线时，一定要上下拖曳，不要左右拖曳。如果将点左右拖曳，说明对图像调整的目标还不明确。

坐标轴上创建的点代表的是控制画面中影调的部分，主要对应的是横轴。图6-32中的点代表调整的是图片的亮调，点往上调就是让亮部变亮。

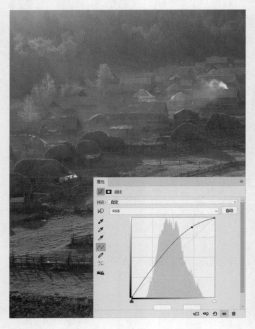

图6-32

用曲线进行局部调整

调整后，图片不仅亮部变亮了，整体也都变亮了，这是因为曲线调整的不只是一个点，对角线上的其他点也向上调整了。如果只想调整局部，可以在对角线上增加多个点。在上面的例子中，如果只想调整亮部，保持暗部不变，可以在暗部增加点，并将暗部的曲线调整回原对角线的位置，如图6-33所示。

用曲线增强图片对比

遇到图片较"灰"的情况，可以通过调整最亮和最暗的点来增强对比，让图片看起来更清晰，如图6-34所示。

用曲线调整色相

除了调整影调，在"曲线"面板中还能针对不同的颜色通道进行调色。以RGB模式的红色通道为例，将曲线上调图片会变红，如图6-35所示。其他通道的调色方法也是如此。使用曲线调色时，同样也可以创建多个点实现细节调整。

图6-33

图6-34   图6-35

提示 ⚡

　　虽然对角线上创建的点越多，可以调整得越细致，但创建的点不是越多越好。调整的点太多，图片就会失真。通常在亮调、中间调、暗调三个位置创建点进行调整就足够了。

　　打开"每日设计"App，搜索关键词SP030602，即可观看曲线的详细教学视频。

6.调整色彩三要素——色相、饱和度、明度

"色相/饱和度"主要用于调整色彩三要素——色相、饱和度和明度。给图片添加色相/饱和度调整图层后，"属性"面板如图6-36所示。

调整色相改变图片的颜色，对图6-36调整色相后的效果如图6-37所示。

图6-36

图6-37

调整饱和度改变色彩的鲜艳程度，对图6-36提升饱和度后的效果如图6-38所示。

调整明度改变色彩的明暗程度，对图6-36提升明度后的效果如图6-39所示。这里需要注意，色相/饱和度中的明度指的是颜色的明暗，而不是影调的明暗，与使用曲线提亮图片有很大区别。使用明度"调亮"将导致颜色丢失，图片变"灰"。

在实际操作中，对图片的整体色相进行调整较少，局部微调居多。如果希望调整图6-36中的草地颜色，可在"调整"面板中选择"黄色"（因为图中草地颜色偏黄），再调整其色相，效果如图6-40所示。

图6-38

图6-39

图6-40

打开"每日设计"App，搜索关键词SP030603，即可观看色相/饱和度的详细教学视频。

7.简单好用的调色工具——色彩平衡

"色彩平衡"是简单好用的调色工具，常用于图片颜色的整体或局部细微调整，如照片的冷暖调整等。给图片添加色彩平衡调整图层后，"属性"面板如图6-41所示。

使用色彩平衡调色时，调整需要改变的颜色参数即可，如想将颜色调整得偏红一点，就将调节点往红色的方向移动。

图6-42是一张中间调照片，没有明显的冷暖倾向。通常情况下，一个吸引人的画面都需要有一个明确的冷暖色调。结合这张照片的内容，偏冷色会更符合其整体氛围。因此，在"色彩平衡"面板中增加青色和蓝色，就可以加深照片的冷色调，如图6-42所示。

在"色调"选项中选择"中间调"时，调整的并非图像的中间调部分，而是图片整体的颜色；选择"亮调"时，图像亮部区域变化更大；选择"暗调"时，图像暗部区域变化更大。

最下方的"保留明度"选项一般默认勾选，若不勾选，调整颜色时只有颜色发生变化，图像的明暗是不变的，这样图像看起来会脏。

图6-41

图6-42

打开"每日设计"App，搜索关键词SP030604，即可观看色彩平衡的详细教学视频。

8.局部调色"神器"——可选颜色

"可选颜色"是Ps调色工具中不需要做选区就可以对局部进行调整的工具之一，通常用来调整一些边缘复杂，但是颜色与其他区域色相相差较大的区域。给图像添加可选颜色调整图层后，"属性"面板如图6-43所示。可选颜色源于印刷调色，因此以CMYK模式的参数进行调整。

图6-43

"可选颜色"的调整方法很简单，选择想要调整的颜色区域，拖曳对应的参数控点即可。如果想要降低图6-43中红土地的饱和度，可在颜色一栏选择"红色"，再增加青色的参数（在CMYK模式下没有"红色"选项，青色是红色的互补色，增加青色即减少红色），调整效果如图6-44所示。想要用好可选颜色，需要熟悉颜色的补色关系。

图6-44

"可选颜色"面板前三个参数——"青色""洋红""黄色"是用来调整色相的，而"黑色"参数用来调整颜色的明暗，也就是明度。

"可选颜色"面板下方的"相对"和"绝对"选项用于控制颜色的调整程度。如果需要重度调整，选择"绝对"选项；仅需轻度调整，选择"相对"选项。

使用"可选颜色"进行调整时，如果想让颜色变化更明显，可以调节多个参数。以图6-43为例，想要调整植物的色调，让图片主体呈现出统一的暖色调，可增加可选颜色调整图层，选择植物的颜色区域，降低青色参数，增加少量洋红参数，增加黄色参数，效果如图6-45所示。注意，调整植物时不仅可以调整绿色，还可以调整黄色，本图中调整黄色部分变化更大。

图6-45

打开"每日设计"App，搜索关键词SP030605，即可观看可选颜色的详细教学视频。

9.打造高级感的"黑白大法"

"黑白"工具用于将图片调整为黑白效果，如果想让图片变成黑白色，为其添加黑白调整图层即可，"属性"面板如图6-46所示。

图6-46

在Ps中把一张图片变为黑白色的方法有很多，如直接把饱和度降到最低，或使用"编辑-调整-去色"命令。但更推荐使用黑白调整图层，因为黑白调整图层除了把图片变为黑白色，还可以进一步对画面中的影调，也就是明暗进行调整。

图片变成黑白色后，容易让人感觉变"灰"，立体感降低，这是因为颜色也保存了明暗信息，去掉颜色后，图片便丢失了明暗对比。使用黑白调整图层，可以调整局部黑白效果的明暗，增强对比度。以图6-46为例，原图中黄色部分带有光的质感，显得更亮，在调整时，可以增加黄色的亮度，同时降低原天空区域蓝色的亮度，达到增强对比的效果，如图6-47所示。

图6-47

　　　打开"每日设计"App，搜索关键词SP030606，即可观看黑白工具的详细教学视频。

10.颜色对了，食物会显得美味

在环境或硬件等因素的影响下，我们拍摄的图片有时会出现颜色偏差，导致图片失真。对于产品宣传照来说，还原产品的真实颜色非常重要。下面我们就通过一个还原食品颜色的案例来讲解如何校正颜色。

分析原图

图6-48是一张食品的广告图，图片主体是中间的肉排。原图的主色调是暖色，导致整张图片看起来有点脏。原因有两个：一个是主体的肉排看起来偏灰，同时橘黄色色调导致肉排看起来不新鲜，因为在人们心中，新鲜的肉应该更加红润；另一个是画面中的环境主体为黑色，整张图片呈现暖色调，所以背景的黑色会显得很脏，有一种土黄色的感觉。因此这张图片需要通过颜色校正，让肉排看起来更加新鲜，更有食欲，同时让图片整体看起来更干净。

使用曲线调整整体色温

调整色温需要用到曲线工具中的红色和蓝色两个通道，将红色通道的曲线向下调，将蓝色通道的曲线向上调，这样就可以让图片呈现冷色调。

因为拍摄的是一个产品，通常情况下，对比度越强，图片看起来越清楚，越有质感。所以，最好再使用整体的曲线稍微增添一些对比。使用曲线添加对比的方法是，在亮部区域建立一个点并向上拖曳，同时再在暗部区域建立一个点往下拖曳，让曲线的对角线呈现S形。调整后的图片效果如图6-49所示。

图6-48　　　　　　　　　　　　　　　　　　　　　　　　　　　　图6-49

局部调色

这一步主要调整画面主体——肉排。首先创建可选颜色调整图层，选择"红色"，降低青色的参数，提高黄色的参数，让肉排看起来加红润。在可选颜色调整图层上使用蒙版，擦除调料等区域，避免衬托物抢夺主体的视觉重心。

接着创建肉排的选区，增加曲线调整图层，再给肉排加一点对比度，让肉排的质感更加强烈一些。调整后的图片效果如图6-50所示。

调整环境，突出主体

为了在一个杂乱的环境中突出主体，需要为图片制作暗角。先使用套索工具大致选中画面主体，然后应用羽化并反选。为了让暗角效果过渡自然，这里羽化的数值要设置得大一些，可以设置为300~400像素。然后新建一个曲线调整图层，选择曲线的最右边的点并向下移动。

为什么不是在中间建立一点向下调整呢？

　　因为暗角实际上是要让高光消失，让四周不再抢眼，而不是让图片整体变暗。用压低高光的方式做出来的暗角会更自然。调整后的图片效果如图6-51所示。

图6-50

图6-51

添加高光

　　最后还可以添加高光，以此为图片整体提升质感。

　　首先，选中背景图层，按快捷键Ctrl+Shift+Alt+2，可以得到画面亮部的选区。然后，创建亮度/对比度调整图层，稍微提升亮度和对比度。画面中的高光区提亮以后，整体会变得更具质感。图片的最终效果如图6-52所示。

图6-52

119

打开"每日设计"App，搜索关键词SP030607，即可观看食品颜色校正案例的详细教学视频。

11.一张图，教你掌握时尚大片调色

人像的调色也是设计和运营工作中经常遇到的。下面将通过一个案例讲解打造时尚的人像大片的调色方法。

通常时尚大片的画面视觉冲击力相对较强，颜色比较特别。所以在这一类色调调整中，一般都会做一些偏色的处理，运用视觉冲击力较强的配色关系，让整体的对比——无论是明暗对比还是色彩对比——比较强烈。

分析原图

图6-53整体看起来较灰，且图片整体较亮，导致色彩饱和度相对较低。同时因为它是在自然光下拍摄的照片，所以画面的颜色比较正常，看起来很普通，没有亮点。

调整影调，提升对比

首先需要增强图片的对比。因为不是要把图片整体都调整为暗调，而是需要保留光感，所以要将中间调压暗。创建曲线调整图层，在中间调位置创建点，将点向下拖曳，再在高光区域创建点，将高光区域曲线复原。调整后图片对比度明显提升，效果如图6-54所示。

调整局部色彩

这张图片最大的问题就是色彩普通。为了增强色彩的对比，需要创建可选颜色调整图层，选择人物的主要颜色为黄色，通过减少青色、增加黄色，来让人物的区域偏暖一些；在可选颜色中选择背景的主要颜色为青色，通过增加青色、减少黄色，来让背景偏冷。调整后的图片效果如图6-55所示。

调整细节

调整色彩后，还需要调整细节。人物腿部的饱和度过高容易抢夺视线，因此创建色相/饱和度调整图层。使用蒙版，将腿部的饱和度降低，调整至不抢眼即可。

还可以创建曲线调整图层，加强衣服的对比度，让衣服看起来更清楚。调整后的图片效果如图6-56所示。

图6-53

图6-54

图6-55

图6-56

给亮部和暗部赋予色彩

　　最后，还可以给画面中的亮部和暗部分别赋予一些比较特别的颜色。比较常用的方式就是为暗部加上一些蓝色，为亮部加上一些黄色、橙色这样的暖色。首先，选中背景图层，按快捷键Ctrl+Shift+Alt+2，得到一个亮部的选区，创建亮度/对比度调整图层，提升亮度和对比度，效果如图6-57所示。然后，创建可选颜色调整图层，选择黑色，把黄色的数值降低，也就是给暗部加蓝。这样可以得到一个偏蓝、偏紫的背景，如图6-58所示，给人神秘的感觉。

　　至此，时尚大片色调案例的关键步骤就讲解完了。

图6-57　　　　　　　　　　　　　　　　　　　　　　　　　图6-58

打开"每日设计"App，搜索关键词SP030608，即可观看时尚大片调色案例的详细教学视频。

训练营5：黑白雪山调色

使用提供的素材完成风景的调色。

提供的素材

完成范例

核心知识点 调整图层的使用

图像大小 原图尺寸

颜色模式 RGB模式

分辨率 72像素/英寸

训练要求

（1）使用调整图层，提高素材的饱和度，使图像色彩不再灰暗，同时让蓝天和雪山的颜色更纯净。

（2）掌握调整图层的使用方法和图像调色的方法。

（3）提交JPG格式文件。

打开"每日设计"App，进入本书页面，在"训练营"栏目可以找到本题。提交作业，即可获得专业的点评。

一起在练习中精进吧！

修图：少点儿缺陷，多点儿美

每日设计

每个人都希望把美好的一面展示给别人，留下好的印象，但拍摄的照片难免会有瑕疵，因此我们需要通过修图来打造美的影像。

不仅是人，产品也需要有好的形象才能卖得更好，因此，修图也可以帮助促进产品的销售。

这一课将从修图背后的美学原理讲起，告诉读者怎么又快又好地打造好看的照片。

1.修图前一定要懂的光影关系

只了解软件的操作是无法修出自然、好看的图片的。举个简单的例子，假设我们想要照片中的脸看起来瘦一点，如果只改变脸型，把脸的轮廓往里推，那么就很容易把脸修成"蛇精脸"，而如果掌握了光影关系，我们只需要在合适的地方加强阴影和高光，就能轻松地显瘦，如图7-1所示。因此，修图前必须了解一些基本的光影关系知识。

在更专业的修图工作中，修图师需要判断图片呈现的光影关系是否正确，如果发现了不正确的光影关系，就需要对其调整，让画面呈现正确的透视关系，让物体在平面中更好地展现其具体的形状和位置。可以说处理好光影关系是修图师的基本功。

修改前　　　　　　　　　　　　　　　　　　修改后　　　　　图7-1

那么，什么是光影关系呢？

光影关系指的是光线照射到物体后呈现的明暗关系。一个物体只有产生了明暗变化，才能在平面中呈现立体感。光影关系包括了三大面和五大调子。

三大面

一个物体受到光线照射后会呈现不同的明暗变化，受光的区域比较亮，被称为亮面；侧面的区域被称为灰面；背光的区域被称为暗面。这就是三大面。

五大调子

五大调子是对三大面的细分，球体受光后的五大调子如图7-2所示。下面详细讲解五大调子的具体含义。

第一个是亮面，也就是受光面，通常指物体受到光线直射的区域，受光最强。受光面的受光焦点叫"高光"，一般只有在光滑的物体上才会出现。在修图时通常会使用高光去体现物体的质感。

第二个是灰面，也就是中间色面，是指物体受到光线照射的侧面区域和明暗交界线的过渡地带。该区域明暗丰富，层次也较丰富。

第三个是明暗交界线，由于它受到环境光的影响，又不受到主要光源的照射，因此对比强烈，这里通常是一个物体上最暖的区域。

第四个是反光，指的是暗部由于受到环境或物体的反射光线照射而产生的反光。反光位于暗部区域，一般比亮部的颜色更深一些。它不是整个物体上最暗的区域，相对明暗交界线来说，它要亮一些。

第五个是投影。只要是物体，受到光线照射以后就会产生影子。通常情况下，投影的边缘离物体越近越清晰，离物体越远越模糊。

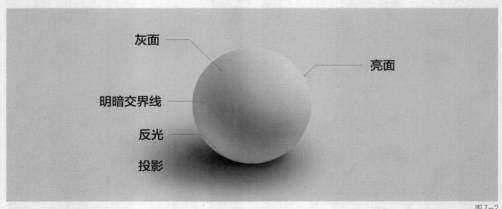

图7-2

2.修图前一定要懂的形体美学

在对人物进行修饰时，了解什么是"美"很有必要，因此我们需要学习人物形体美学方面的知识。

人体比例关系

标准人体的比例为身高是头的7~7.5倍，因为通常男生比女生会高一些，所以女生的头身比一般是1:7，男生的头身比一般是1:7.5。人平展双臂的宽度刚好等于身高。衡量人体比例时一般以头的长度为单位，如上肢为三个头长，下肢为四个头长，如图7-3所示。在绘画或修图时，一般会把人的头身比稍微夸张一点，这样可以让人看起来更加修长、美观。

此外，人物在不同的姿势下比例是不一样的。一般人物头部和身体的比例关系，如图7-4所示。这些比例都可以作为实际修图工作时的参考。

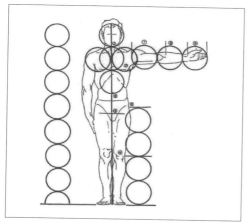

图7-3

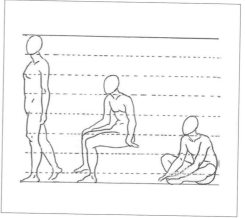

图7-4

脸型

除人体比例外，人的面部在人物的修饰中也非常重要，因为人的面部是人美观与否非常重要的标准之一。

面部调整的重点之一就是脸型。脸型主要由面颅的骨骼决定，常见的脸型分类如图7-5所示。

不同性别有着不同的脸型特点。男性下颌角多凸起、下巴方；女性下巴较尖，下颌角不如男性宽。男性脸型较方直；女性脸庞脂肪丰厚，下巴尖而圆，脸颊圆润。

　　一般情况下，以头部为椭圆形、下巴较尖的瓜子脸或鹅蛋脸为美。对男性而言，除了瓜子脸、鹅蛋脸，国字脸也是好看的脸型，会让男性看起来更加硬朗，更有男性气质。

三庭五眼

　　除了脸的外轮廓，衡量脸部的美丑还有一个非常重要的五官标准——三庭五眼。三庭五眼的比例如图7-6所示。

　　三庭是指将脸的长度，即从头部发际线到下巴尖的距离，分为三份，从发际线到眉心、眉心到鼻翼下缘、鼻翼下缘到下巴尖各分为一份，每一份称为一庭，一共三庭。五眼是指脸型的宽度分为五只眼睛的长度，两只眼睛的间距为一只眼睛的长度，两侧外眼角到耳朵各有一只眼睛的长度。

　　一个好看的人的面部比例、五官位置一定是符合三庭五眼标准的。修图时，需要观察人物面部特征，依据三庭五眼来衡量是否需要细微地调整面部轮廓和五官的位置关系。

图7-5

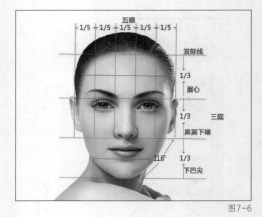

图7-6

标准眼睛

　　五官的审美也是有标准的，根据这些标准进行修图可以让人物看起来更精致。

　　标准眼睛指的是外眼角略高于内眼角，内眼角要打开；眼睛在平视时，双眼皮弧度均匀，眼皮压不到睫毛；上下眼睑与黑眼球自然衔接；上下睫毛浓密、卷翘，眼球黑白分明，如图7-7所示。

图7-7

标准眉

标准眉指的是眉毛不能低于眉头，只能略高于或平于眉头；眉头、眉腰和眉尾各占1/3，眉峰占从眉头到眉尾的1/3；从眉头到眉尾由粗到细，如图7-8所示。眉头的颜色稀而浅，眉腰密而浓，眉尾细而淡。

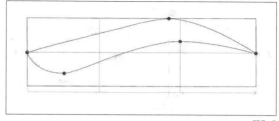

图7-8

标准唇

唇部最重要的就是上嘴唇和下嘴唇的比例关系，通常为1:1.5，如图7-9所示。在标准唇中，上嘴唇的唇型一定要有比较明显的唇峰和唇谷，整个上嘴唇的外轮廓是一个弓形，下嘴唇一定要有比较明显的唇珠，这样才能更好地体现嘴唇的立体感。

标准鼻

东方人比较喜欢小巧的鼻子。鼻翼两端不能太宽，要刚好与内眼角的宽度一致，也就是一个眼睛的宽度；鼻梁要高挺一些，眉心至鼻尖要呈现倒三角的状态；鼻侧影不能太暗，不然会显黑。鼻子的比例标准如图7-10所示。

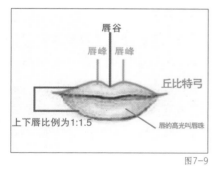

图7-9

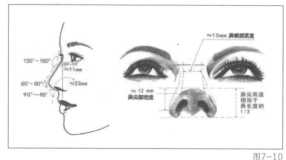

图7-10

除了上述基本知识，还需要更多地了解人体的骨骼和肌肉分布、肌肉的形状，这样才能更加自如地修饰人物。

打开"每日设计"App，搜索关键词WZ030701，即可阅读《人物形体美学修炼手册》，了解更多形体美学的相关知识。

3.修复瑕疵，学会这四个工具就够了

掌握必要的基础修图知识后，就可以开始动手修图了。

修复瑕疵是修图中的基础工作，在Ps中掌握污点修复画笔工具、修补工具、仿制图章工具及内容识别填充四个工具，基本就能满足修复图像的污点、瑕疵等需求了。

污点修复画笔工具

污点修复画笔工具常用于修复小面积瑕疵，如人面部的痘痘，或区域环境单一的物体等。若修复面积较大、环境复杂的区域，系统识别容易出现误差。

在工具箱中选中污点修复画笔工具后，调整好画笔的大小，直接在需要修复的位置涂抹，系统将自动修复涂抹的区域，如图7-11所示。在操作过程中，一般不需要更改参数，只需要根据污点或瑕疵的情况调整画笔大小。

图7-11

修补工具

修补工具适用于形状或环境较复杂的情况，在进行大面积修复时效率更高。

修补工具与污点修复画笔工具位于工具箱的同一工具组中，如图7-12所示，其使用方法与套索工具类似。选中修补工具后，在画布上圈选需要修复的位置，形成选区，当鼠标光标如图7-13所示时，按住鼠标左键拖曳选区，选择与修复区域环境类似的干净区域进行修补，在待修复位置可以看到修补效果预览，如图7-14所示，图片最终的修复效果如图7-15所示。

需要注意的是，修复大面积区域时要尽量精准地选择区域，这样修复的效果更佳。

图7-12   图7-13   图7-14   图7-15

> **提示** ⚡
>
> 使用修补工具时可以进行选区的增加或删减，以便更精确地操作。按住Shift键可以增加选区，按住Alt键可以删减选区。

仿制图章工具

仿制图章工具在人物修图中常用于皮肤、汗毛的处理，而且还可用于大面积污点的修复。

仿制图章工具是通过取样对图片进行覆盖来达到修复效果的工具。若想修复图7-16中人物嘴角的痣，在选中仿制图章工具后，需要按住Alt键，然后单击取样点进行取样。取样时鼠标光标如图7-17所示。取样后在需要修复的区域涂抹，涂抹时画笔区域将显示图片覆盖效果预览，如图7-18所示。画笔旁的十字光标指示的是当前的取样位置。图片修复完成后的效果如图7-19所示。

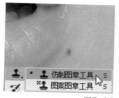 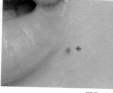 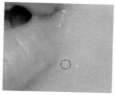 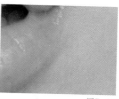

图7-16　　　　　　　图7-17　　　　　　　图7-18　　　　　　　图7-19

> **提示** ⚡
>
> 使用仿制图章工具时，可在属性栏调节画笔的不透明度，让效果更自然。使用仿制图章工具的关键在于取样点的选择，要尽量选择与目标环境、色调相近的取样点，在使用的过程中取样点可随时更换、调整。

内容识别填充

内容识别填充是Ps中系统自动运算对图像进行修改的调整工具，使用起来特别方便。

以图7-20为例，想要去掉图片右边的纸箱，先用套索工具选中纸箱区域，然后单击鼠标右键，在弹出的菜单中选择"填充"选项。这时系统将弹出"填充"对话框，如图7-21所示。在该对话框的"内容"下拉菜单中选择"内容识别"即可，填充后的效果如图7-22所示。

使用内容识别填充功能时，创建选区要尽量精准，选区创建得越精准，填充效果越好。

以上就是常用的四种修复工具的使用方法和适用范围。在实际操作时，一定要灵活运用这些工具，在不同的情况下使用不同的工具，这样可以提高工作效率，更好地完成修复工作。

图7-20

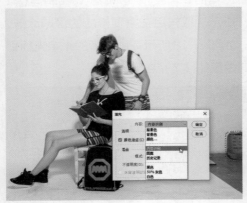

图7-21

图7-22

提示 ⚡

内容识别填充常用于修复环境相对简单的物体，如去掉图7-20中墙边的纸箱，而图中的书包所处环境复杂，系统将无法计算效果。

4.自由变换，一个让你悄悄变高的"神器"

在前面我们已经讲解了自由变换的透视、旋转等基础用法，在这里我们将讲解自由变换在修图中的妙用——调整人物的比例，也就是让人物悄悄地变高。

这里选取了图7-23所示的一张室内婚纱照作为案例。首先，按快捷键Ctrl+T

进入自由变换功能，放大图像，调整主体人物在画面中所占比例，优化构图，如图7-24所示。同时，在自由变换的状态下，借助图7-25所示的参考线，按住Ctrl键，控制单个控点，调整画面歪斜的情况，如图7-26所示。

图7-23

图7-24

图7-25

图7-26

提示 ⚡

1.打开图片后，背景图层默认为锁定状态。双击背景图层，将其转换为普通图层，才能进行自由变换。

2.按快捷键Ctrl+R调出标尺，在标尺上拖曳可创建垂直或水平参考线。

做好图片整体比例的调整后，下面就到了重头戏——调整人体的比例。使用矩形选框工具选中人物腿部区域，按快捷键Ctrl+T对选区图像进行自由变换，按住Shift键再向下稍微拉长图像，效果如图7-27所示。

此外，更改透视也可以调整人物的比例，如摄影师蹲下拍照时，拍摄出来的人物显得更高。回到案例中，按快捷键Ctrl+T进入自由变换状态后，单击鼠标右键，在弹出的菜单中选择"透视"选项，然后将图片左上角或右上角控点稍微向图片中央靠近，模拟出低视角拍摄的效果，就能让人物看起来更加修长，如图7-28所示。

图7-27

图7-28

打开"每日设计"App，搜索关键词SP030701，即可观看自由变换调整人物比例的详细教学视频。

5.形体修饰，一张图教你修出好身材

形体修饰，通俗地讲就是将人物的身材调整得更修长、协调，符合作品意境或宣传的需要，它的难点在于需要根据人物形体构造来进行调整，否则将容易出现人物比例失真的问题。

人物的形体修饰主要用到的是液化工具，其一般步骤是先对照片中人物的问题

进行分析，然后再从整体到局部进行调整。下面将通过一个案例为读者解析大片级形体修饰是怎样做的。

分析原图

图7-29所示是一位模特，总体来说，该模特的身形没有太大的问题，更多的是需要对细节进行调整。这张图有两个明显的问题需要处理。第一，因为模特太瘦，轮廓显得过于分明，而且身体与手臂的比例不太协调，无法体现女性柔美的外轮廓。第二，需要对模特的S形曲线进行优化，让其形体更加柔美、协调。

调整整体轮廓

对人物形体进行修饰时，一定要遵循从大到小的顺序，也就是先从整个的身高比例开始调整，再到四肢、脸以及五官。如果不遵循这个顺序，就难以把握人体的比例关系。

在本案例中，首先对模特的S形曲线进行调整。按快捷键Ctrl+Shift+X进入"液化"界面，使用向前变形工具，将画笔大小调得相对大一些，把模特的腰调整得细一些，同时把模特的臀部稍微往外拖曳。

处理完模特的身形后就可以去处理模特的四肢，在本案例中主要是手臂的区域。可以简单地将上臂外侧记忆为M形，最上面是一条弧线，然后微微凹陷，再接着是一条弧度更小的弧线。这是上臂大致的肌肉形状，根据这个形状进行调整即可。小臂只有一条弧线，到手腕前有一个微微的凹陷。小臂的弧度通常比上臂小一些，这样人看起来会比较瘦一些。手臂内侧的外轮廓基本上就是一条平滑的弧线。

处理四肢时一定要注意，人身上是没有直线的，所以对人的外轮廓进行调整时，一定要留下一点微弱的弧度。整体轮廓处理后的图片效果如图7-30所示。

修改前 图7-29

修改后 图7-30

提示 ⚡

在液化工具中最常用的是向前变形工具，其使用方法与画笔工具类似，在画面上拖曳需要调整的区域即可。需要注意的是，使用向前变形工具时，要将画笔调整得比调整区域稍大一些，这样可以避免多次拖曳，效果会更加自然。

调整脸型

图中模特的脸过于消瘦，会削弱女性的柔美感，所以这一步需要把模特下颌角的弧度处理得更加柔和。在调整时还需要注意下巴的形状，把下巴拐角处稍微向外调整。几乎所有人的下巴都不是绝对对称的，在生活中不会觉得有什么问题，但是一旦记录为静态图像后，下巴的倾斜就会显得非常明显，因此修图时一定要注意让下巴看起来尽可能对称。脸型调整后的图片效果如图7-31所示。

图7-31

调整细节

在调整大轮廓时，需要随时把画笔缩小以便处理细节。

要注意衣服上的细小褶皱。如果衣服上有明显的凸起，会有赘肉感，因此需要把明显的凸起抹平，身形才会更加优雅。衣服上的花纹也容易暴露身材的缺陷，如果人物的腹部有凸起，那么衣服的花纹也会被撑大，这种情况可以使用褶皱工具将花纹的形状稍微缩小一些，如图7-32所示。这样肚子看起来就会小很多。

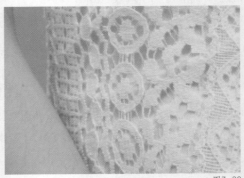

图7-32

调整完手臂后，可以顺便调整一下手指。人的胖瘦程度会影响手指的粗细，如果只调整手臂而不对手指进行同步的调整，上肢看起来就会非常不协调。

在处理脸型时，一定要处理发型，让头发的形状和脸型看起来协调一些。

调整细节后，图片效果如图7-33所示。

图7-33

 打开"每日设计"App，搜索关键词SP030702，即可观看大片级形体修饰的详细教学视频。

6.面部修饰，一张图教你修出大片

在日常拍摄的人像照片中，除了人物的全身照或半身照，还会有人物的面部特写，因此除了要学会处理人物形体，还要学会处理和修饰人物的面部。

下面将通过对图7-34所示的外国模特的脸部特写进行修饰，讲解大片级面部修饰的一般流程。

调整脸型和五官

第一步是对人物面部的对称性的调整和对一些细节的优化，如模特的头发形状完整程度的调整，脸颊两边颧骨、下颌角、下巴的调整等。因为模特是女性，所以处理面部外轮廓时可以弱化明显的棱角，使其线条相对柔和一些。这一步主要使用的是液化中的向前变形工具。

处理完脸型后，再对五官进行调整，主要是把五官向标准型调整，以及处理对称问题。如模特的眼睛特别大会显得内眼角的形状不够完整，模特的外眼角比内眼角要低，人会显得没有精神，这些问题都可以进行微调。调整脸型和五官后，图片效果如图7-35所示。

修改前　　　　　　　　图7-34　　　　　　　　　　　修改后　　　　　　　　图7-35

提示 ⚡

　　使用液化处理细节时，可以适当地将图片放大，这样可以更好地观察局部细节变化，同时也要随时把图片缩小，看一下整体的状态，不要破坏三庭五眼的比例。

修复瑕疵

　　调整完脸型和五官后，再使用污点修复画笔等工具，对模特脸上的瑕疵进行修复，包括痘痘、斑点、眼袋、眼白上的红血丝等。

调整皮肤的明暗

　　人物脸上或身体看起来凹凸不平是因为明暗分布不够均匀，这一步将对模特皮肤的明暗进行调整。

　　这里用到一个专业修图师常用的人物皮肤修饰方法—— 新建图层，然后给图层填充明度为50%、饱和度为0的灰色，再将图层混合模式改为柔光。这时图片是没有任何变化的。接下来可以使用画笔工具在画面中进行涂抹，白色画笔涂抹的区域会变亮，黑色画笔涂抹的区域会变暗。为了让调整效果更自然，画笔工具的流量数值可以设置为1%~5%。面部偏亮的区域涂抹黑色，面部偏暗的区域涂抹白色，通过这样的方式可以让人物面部的明暗分布更加均匀，效果如图7-36所示。

> **提示** ⚡
> 使用画笔工具时，按快捷键X可以快速切换前景色和背景色。

调整皮肤的细节

进一步处理皮肤细节，让人物面部看起来更加干净。这里使用的是图章工具。新建图层，然后选择图章工具，将图章工具的不透明度调整为10%~15%，样本选择"当前和下方图层"，接着在人物的面部进行取样和涂抹。这样可以得到类似磨皮的效果，如图7-37所示。

图7-36

图7-37

调整细节

调整好皮肤的整体质感后，就可以对细节进行调整了，如使用图章工具等修复唇部的瑕疵，使用曲线调整图层和蒙版加强眼部高光等。调整细节后，图片效果如图7-38所示。

整体调色

　　最后还需要对图片的整体色调进行调整。使用曲线调整图层增强整体的对比度，以及提亮高光区；使用可选颜色调整图层选择皮肤区域的黄色和红色，降低黄色参数，增加青色参数，让皮肤更接近欧洲人的冷色调，更显白皙。调色后的图片效果如图7-39所示。

图7-38

图7-39

　　　　　打开"每日设计"App，搜索关键词SP030703，即可观看大片级面部修饰的详细教学视频。

7.产品"美颜"技巧

　　在大众审美普遍提升的背景下，不仅人需要"美颜"，产品也需要适度"美颜"一下。

　　产品的"美颜"通常是指对拍摄的产品图片进行后期处理，让产品看起来更干净、更有质感，从而在观感上提升产品的品质，提高消费者的购买欲望。对产品的修饰大致分为两类，一类是对瑕疵的处理，这包括了产品本身的瑕疵和拍摄环境的穿帮等，另一类是对产品质感的提升。下面将通过一个案例来为读者讲解商业产品修图的思路和步骤。

分析原图

图7-40是一张眼镜广告图。因为想要在一个画面中呈现更多的眼镜，所以拍摄时使用铁丝对多个眼镜进行串联，其中的铁丝需要后期处理。此外，由于拍摄角度的问题，眼镜镜片的反光并不明显，无法突出玻璃的质感，因此后期需要对它的质感进行加强。

修复拍摄穿帮

修复拍摄穿帮主要用到的工具就是前面讲到的修复工具。处理产品时，有一个要特别注意的技巧，就是在进行较精细的修饰时，需要制作相对精细的选区，这就必须使用钢笔工具进行抠图。

制作好选区以后，接下来需要运用图章工具进行修补。

使用图章工具时，需要在修复的区域周围取样，尽量让修复的颜色没有明显偏差，同时要记得随时改变取样点，让颜色更加均匀。修复后的图片效果如图7-41所示。

修改前　　　　　　　图7-40　　　　　　　　修改后　　　　　　　图7-41

提升产品质感

　　产品质感的加强通常通过高光去表现。首先还是需要把产品能够产生质感的区域选择出来。这里使用钢笔工具抠选镜片，创建选区。接着新建图层，使用渐变工具制作镜片的反光效果。以黑色镜片的眼镜为例，先制作镜片上半部分从黑色到透明的渐变，再制作相反方向的从白色到透明的渐变。将反光效果的图层创建图层组，再更改其不透明度，让效果变得自然。提升产品质感后，图片效果如图7-42所示。

整体调色

　　修复产品瑕疵和提升质感后，一般还需要对图片整体调色。如果产品是由金属和镜面等材质构成的，通常情况下可以让图片整体色彩稍微偏冷一些，这样金属材质和镜面感会更加明显。在本案例中使用色彩平衡调整图层来给图片添加冷色，调整的幅度根据图片情况自行控制。一定要注意，不要把数值调得太大，否则产品本身的颜色就会发生明显的变化，影响产品本身的色彩呈现。整体调色后，图片效果如图7-43所示。

修改前　　　　　　　图7-42　　　　　　　修改后　　　　　　　图7-43

　　打开"每日设计"App，搜索关键词SP030704，即可观看产品修饰的详细教学视频。

训练营6：人物修图

使用提供的素材完成人物的修饰。

核心知识点 人物形体的修饰

尺寸 自定

颜色模式 RGB模式

分辨率 72像素/英寸

训练要求

（1）对提供的人物素材进行修图处理（只允许使用提供的素材）。

（2）作业需要提交 JPG 格式文件。

（3）人物形体修饰需要符合人的形体美学，人物的皮肤瑕疵需要进行调整。

提供的素材

完成范例

打开"每日设计"App，进入本书页面，在"训练营"栏目可以找到本题。提交作业，即可获得专业的点评。

一起在练习中精进吧！

合成：实现你的奇思妙想

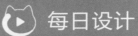
每日设计

绝大多数平面创意都是使用Ps合成图片来实现的。合成不是一个单一的功能，而是对Ps多种功能和命令的综合应用，如抠图、修图、调色等。除了要用好Ps，一个好的创意合成离不开前期的创意策划、道具准备、拍摄等工作的配合。

本课是合成的入门课程，将讲解做好合成的基本功、学好合成的三个步骤、合成中的常见构图、合成中的空间与透视、合成的色调、合成的四种典型思路，以及产品合成的案例，带领读者真正感受到创意合成的魅力。

1.做好合成的关键点

图像合成广泛应用于视觉创意的多个细分领域，很多创意广告都通过合成来实现令人难忘的视觉画面，从而使产品给人留下深刻的印象，如图8-1所示。

图8-1

在摄影作品中融入一些有趣的元素、细节，同样可以让人眼前一亮，甚至创作出一些以假乱真的画面，如图8-2和图8-3所示。

图8-2

图8-3

精美的电影海报离不开Ps的绘画、调色、合成，几乎所有的电影海报都是合成作品。

从Ps的技术角度来分析，合成主要包含以下关键点——熟练使用常用工具、修图、抠图、元素变形、图层混合模式、调色和使用快捷键，下面以图8-4所示的合成案例为例对这些关键点进行分析，帮助读者在后续的学习中抓住重点。

图8-4

　　素材1经过调色作为画面的主场景，素材2中的天空用蒙版融入主场景，素材3中的书，用钢笔抠出来放置于人物旁边，素材4中的鸟被抠出放置于主场景，素材5中的人物和动物被抠出放置于主场景，素材6中的小船被抠出放置于主场景的湖面上。在完成这幅作品的过程中，还综合运用了工具箱中的多个工具，以及自由变换、图层混合模式等Ps的核心功能。可以说，合成工作是对使用Ps综合运用能力的检验，需要使用者对多个工具的配合有深入的理解。

2.学好合成的三个步骤

想要学好合成不仅要熟练掌握Ps的操作，同时还需要坚持多看优秀作品、收集优质素材，以及分析优秀作品的要点并尝试临摹优秀作品。

看优秀作品

想要掌握合成的核心技能，首先要大量观看和收集优秀的合成作品，推荐去站酷网、花瓣网寻找灵感，如图8-5所示。读者也可以在这些设计网站上建立自己的灵感库，以关键词进行分类，收集优秀的作品。

图8-5

收集优质素材

做合成需要收集大量的图片素材，因此，找到优质的图片是合成的必修课。类似pixabay、Unsplash这样的网站有大量优质的免费图片素材，可以下载到本地练习，如图8-6所示。若想在商业设计中使用这些素材，一定要注意素材的授权范围，避免侵权。

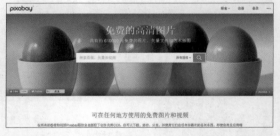

图8-6

分析优秀作品的要点并尝试临摹

收集了大量的优秀作品，并能够找到合适的素材后，接下来应该对优秀的作品进行拆解、分析。以图8-7和图8-8所示作品为例，看作品时可以思考这些问题：作品用到了哪些素材？创作者处理光影、构图、色彩的手法，我是否能做到？当发现自己在技术上有欠缺时，应及时学习，补足技术短板。

临摹对象、可替代的素材、需掌握的技术都准备完毕后，就可以尝试临摹一幅优秀的作品了。在临摹的过程中可以提升Ps技术，并尝试理解被临摹作品的技术以外的优秀之处。

图8-7

图8-8

当具备了临摹一幅或多幅优秀作品的能力后，Ps技术问题就不再是障碍。在临摹的过程中，寻找合适素材的能力也会大大提升。此时就可以尝试将自己想象中的美妙画面以视觉的方式呈现出来。

3.合成中的常见构图

创作一幅合成作品跟绘制一幅画是类似的，就是拿素材去拼贴出一个完整的画面。想要协调地表达画面，就需要有合适的构图。下面这些构图都是合成作品中常见的构图形式，读者在创作时可以借鉴参考。

近景构图可以突出主体，减少环境干扰，更好地表现主体的细节，使画面具有感染力，如图8-9所示。中景构图既能表现出一定的主体细节，又能拥有环境因素，烘托画面气氛，如图8-10所示。远景构图容纳了更多的环境因素，适合表现大场景，如图8-11所示。

图8-9

图8-10　　　　　　　　　　　　　　　　　　　　　　　图8-11

　　此外，对称构图、三角形构图、三分构图、中心构图等构图方式，在合成作品中应用也非常广泛，如图8-12所示。

图8-12

　　　　　打开"每日设计"App，搜索关键词WZ030801，即可阅读《电影合成海报中的常见思路》，了解更多合成构图的相关知识。

4.一个立方体，解密空间与透视

在创作合成作品时，一定要注意空间和透视关系。将一个主体放置到一个空间后，需要对主体和空间的关系进行调整，主要可以概括为远近、虚实、明暗三个要点。掌握这三个要点，可以让合成作品看起来更加真实。

远近，离得近的物体看起来更大，离得远的物体看起来更小。

虚实，离得近的物体通常看起来更清晰，离得远的物体通常看起来更模糊。在创作合成作品时，常常会使用近实远虚的方法，让画面的主体物更加突出，让背景弱化。

明暗，物体距离近，饱和度和明度高；物体距离远，饱和度和明度低。在创作合成作品时，物体与环境的饱和度、明度需整体保持一致。

接下来我们使用Ps的3D功能制作一个小方块，然后将方块置入场景中，帮助读者理解物体的空间关系，如图8-13所示。案例中初次用到了Ps的3D功能，需要读者跟着本节的教学视频进行对应的练习。

图8-13

打开"每日设计"App，搜索关键词SP030801，即可观看合成中的空间与透视案例的详细教学视频。

> **提示** ⚡
>
>   3D功能让Ps突破平面图片的限制，帮助使用者创作出更具视觉冲击力效果的作品。

  通过以上案例了解了立方体的制作方法后，读者可以尝试通过另外一组素材练习3D知识和空间知识，如图8-14所示。在制作案例时，注意观察立方体因视角不同带来的变化。

图8-14

  为主体选择背景时还要选择透视关系一致的场景，否则合成后的画面看起来就会没有真实感，如图8-15所示。正确的透视场景如图8-16所示。

图8-15

图8-16

5.合成效果看起来很假？巧用调色来补救

由于素材来源不同，用于合成的多个素材的色调往往是不统一的。如果不将素材的色调统一，做出来的合成作品就会失真。只有将多种素材的色调进行统一，画面看起来才会真实。

此外，画面中有发光物体时，必然会影响周围的其他物体，需要对其他物体进行对应的色调处理。下面通过图8-17所示的案例对合成中的色调知识进行讲解和练习。

修图和抠图

将手素材中的灯泡用套索工具选取出来，并用内容识别填充功能将其去除。然

153

后，将月亮素材从黑色背景中抠选出来，使用移动工具将其移动复制到手素材中的灯泡位置，如图8-18所示。

图8-17   图8-18

背景图调色

月亮是发光体，也是本案例的视觉主体。为了突出主体，需要加强主体和背景的明暗对比，将背景压暗。

使用曲线调整图层将背景整体压暗，然后为背景添加一个暗角。暗角可以实现中间亮、周围暗的效果，进一步突出月亮。在制作暗角效果时，可借助图层的不透明度控制暗角的明暗程度。

整体压暗背景并为背景增加暗角的效果如图8-19所示。在使用调色的相关功能时，建议使用调整图层，以便在效果不满意时反复进行修改。

提高月亮的亮度

在月亮图层的上方新建曲线调整图层，并将其设置为剪贴蒙版，使得调亮的操作只作用于月亮图层，而不会影响背景图层。然后，新建一个亮度/对比度调整图层，将亮度和对比度提高，注意依然需要将其设置为剪贴蒙版，让其只作用于月亮。

至此，月亮本身的亮度就提高了。接下来为月亮图层添加外发光的图层样式。外发光的颜色可以从月亮上亮度较高的区域吸取。

最后，在月亮图层的下方新建图层并制作一个模糊的纯色填充的圆形，进一步完善月亮发光的细节。通过这三个层次的提亮及发光处理，月亮看起来更自然，如图8-20所示。

制作月光照在掌心的效果

由于本合成画面是用手托着月亮的效果，因此月光必然会照亮掌心。实现月光照亮掌心效果的方法是，用曲线调整图层提亮掌心，将调整图层的蒙版填充为黑色，再用白色画笔将受光区域绘制出来，效果如图8-21所示。

渲染氛围

用喷溅画笔绘制一些光斑，再用橡皮擦工具擦除一些不自然的光斑，最终效果如图8-22所示。

图8-19

图8-20

图8-21

图8-22

打开"每日设计"App，搜索关键词SP030802，即可观看合成中的色调案例的详细教学视频。

6.创意合成，让产品更能卖

由于成本低、效果好的特点，合成技术被广泛运用在电商平台产品广告中。本节将讲解一个简单的产品合成案例，带领读者掌握产品合成的一般流程。本案例所用到的素材均为实景拍摄。在产品合成中，合成主要用来弥补拍摄的不足，以更好地呈现产品。

该项目在前期策划时，是想直接通过拍摄完成整个画面，再进行简单的后期处理。但拍摄完成后发现产品过小，因此对产品进行了补拍，并通过Ps合成来完成最终的视觉稿。此外，原片通常都会有各种穿帮和细碎的瑕疵，如花盒子、绑着产品的吊绳、更改构图后背景的空白区域等。

调整背景构图并调色

素材是一个横构图并且颜色偏冷的画面。因为暖色的食品更容易激发受众的食欲，所以需要将画面调整为竖构图并将色彩调暖。更改构图后的空白区域可以用填充命令和修补工具快速完善，如图8-23所示。

图8-23

修补花盒子瑕疵

花盒子上的瑕疵可以用图章工具进行修补，如图8-24所示。虽然是很小的细节，且花盒子也不是画面的主体，但是依然需要对其进行细致的处理。这些瑕疵都是拍摄中难以避免的问题，所以读者在拿到原片后，一定要仔细检查并修补。在第7课中讲解的多种修图工具，不仅可以用于处理人像，还可以用来处理场景和商品。

图8-24

主图产品修饰

使用钢笔工具将产品抠选出来，将产品上穿帮的吊绳用图章工具去除，然后将产品置入做好的场景中，调整产品的角度和大小，使其与花盒子更贴合，如图8-25所示。

如果有大量需要做市场活动的产品设计项目，其合成的复杂程度通常不会太高，通过简单有效的处理，即可让产品有良好的视觉呈现。

调整前后关系

在图8-25中，产品在花盒子的前方，看起来很假，因此需要将花盒子和产品交叉的区域用钢笔工具抠选出来。将花盒子图层在该选区内的图像复制新图层并移动至产品的上层，本案例的最终效果如图8-26所示。

图8-25

图8-26

打开"每日设计"App，搜索关键词SP030803，即可观看产品合成案例的详细教学视频。

训练营7：失衡的世界

参考范例

从现实生活中发现有趣的景象，并尝试进行合成创作。

通过与现实世界不一样的大小对比，创作具有视觉冲击力的画面。

核心知识点 自由变换、构图、调色等

尺寸 不限

颜色模式 RGB模式

分辨率 72像素/英寸

训练要求

（1）自行搜集素材，提升搜集素材的能力。

（2）熟练掌握自由变换、构图、调色等功能的使用。

（3）作业需要符合尺寸、颜色模式、分辨率等要求，提交JPG格式文件。

打开"每日设计"App，进入本书页面，在"训练营"栏目可以找到本题。提交作业，即可获得专业的点评。

一起在练习中精进吧！

第 **9** 课

文字工具：
为画面补充更多信息

每日设计

使用Ps除了可以对图像进行处理外，还可以进行简单的文字设计，为画面补充更多信息。

本课将从必须了解的文字设计基础知识讲起，帮助读者对字体选择、排版等树立正确的认识，再通过简单的案例，让读者掌握文字工具的使用和段落设置等软件技能。

1.中英文字体设计的基础知识

中英文字体可以分为衬线体和非衬线体。

衬线体起源于英文字体，文字笔画具有装饰元素，而非衬线体的笔画没有装饰元素，笔画粗细基本一致。衬线体和非衬线体有着不同的特质。衬线体一般比较严肃、典雅，因为其起源于印刷，所以用于印刷的大段文字中可读性更佳；而非衬线体一般比较轻松、休闲，因为笔画没有装饰元素，用在电子屏幕上显示效果更佳。衬线体和非衬线体的概念延伸到中文里也同样适用，如最常见的宋体就是衬线体，而黑体、幼圆等字体则是非衬线体，如图9-1所示。

图9-1

同一款字体一般会有不同的字重，也就是不同的粗细。在文字大小和粗细的选择上，一般正文会选择较小、较细的字体，而标题会选择较大、较粗的字体，如图9-2所示。

图9-2

2.搭配不难，教你看懂文字的个性

不同的字体有不同的个性。一些字体从名称上就能感受到其个性，如力量体、娃娃体、综艺体等，如图9-3所示。

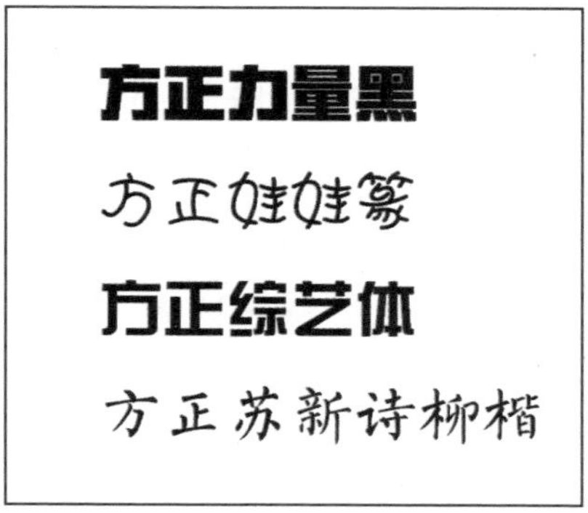

从作品中也能体会字体的个性。图9-4中使用的是手写体，手写体一般具有古朴、典雅、文艺的气质，适用于历史、传统文化题材的作品。图9-5中使用的是黑体，黑体具有现代、简约的气质，适合用于现代艺术展览的宣传作品中。

一些字体还能体现出性别的特质，如衬线体一般更加柔美，所以更多地使用在女性题材的作品中，如图9-6所示。黑体一般更能体现力量感，所以更多地使用在男性题材的作品中，如图9-7所示。

图9-3

图9-4

图9-5

图9-6

图9-7

提示 ⚡

在使用字体时，特别是在制作商业项目时，一定要注意字体的版权。大部分字体都不能免费商用，需要取得商业授权才能商用。如果想要节省字体授权的费用，可以在网上搜索免费、免版权的字体来练习和使用。

3.记住四个原则，图文排版不出错

在文字排版设计中如果遵循对齐、对比、重复、亲密四个原则，做出来的作品不易出错。这四个原则在实际应用中是互相嵌套的，因此使用时需要灵活组合。

对齐

对齐包括文字与文字的对齐、文字与图片的对齐等。对齐方式包括左对齐、顶对齐、两端对齐等。对齐可以让图文看起来更加整齐、有条理，如图9-8所示。

图9-8

对比

对比可以突出重点，建立文字的信息层级，如图9-9所示。在对比的手法中，不仅包括大小对比，还有颜色对比、字体对比等。

图9-9

重复

利用重复的元素可以将画面的内容进行划分，在作品中同样层级的信息要素，可以使用统一的设计规范，如统一的字体、字号、对齐方式等。以图9-10为例，同层级标题使用同样的字体、字

图9-10

号和对齐方式，可以避免版面杂乱无章，使版面看起来更加简洁美观。

亲密

亲密，简单来说就是把画面中的信息进行分类，把每一个分类做成一个视觉单位，而不是很多孤立的元素。以图9-11为例，"海洋保护"中文标题和英文标题组成了一个视觉单位，中文和英文的"世界海洋日"与"日期"是另一个视觉单位，这样做可以使画面看起来更有组织性和条理性。

图9-11

将这四个原则灵活运用在设计中，可以打造出层次分明的作品。

4.一个案例，掌握文字工具

掌握文字设计基础知识后，就可以开始动手制作文字设计作品了。本节将通过简单的案例讲解Ps中文字工具的使用方法。

文字工具位于工具箱中，是一个大写字母T的图标，单击文字工具图标或使用快捷键T可以调出文字工具。文字工具的功能是输入文本，工具组中最常用的是横排文字工具和直排文字工具，如图9-12所示。横排

图9-12

文字工具，用于输入水平方向的文本，而直排文字工具用于输入垂直方向的文本。

选中横排文字工具，在画布上单击，可以创建一个点文字。像字母或词语这样较短的文字，可以通过创建点文字的方法来输入，如图9-13所示。选中横排文字工具后，在画布上拖曳鼠标光标，可以绘制矩形文字框，如图9-14所示。大段的文本可以通过创建段落文字的方法来输入。

图9-13
图9-14

输入文字后，可以全选文字，然后在属性栏中调整文字的字体、字号、字重等，如图9-15所示。

图9-15

输入较多文字时，需要对文字进行段落设置，调整文字的行间距、字间距，并设置文字对齐方式等。在选中文字工具的状态下，在属性栏可以调出"字符"面板，其中可设置字符和段落的各种参数，如图9-16所示。

图9-16

下面我们开始制作案例，案例效果如图9-17所示。

先制作文字的背景。打开图9-18所示的背景素材，使用椭圆工具绘制一个圆形，将圆形的填充颜色设置成绿色，可以在背景图片中吸取绿色。把圆形拖曳到画面的中央，然后在"图层"面板中调整圆形的不透明度，调整后的效果如图9-19所示。

图9-17

图9-18

图9-19

使用横排文字工具输入中间的主文字，再选中需要对齐的文字，在属性栏单击"居中对齐"按钮■。文字对齐后，再设置文字的字间距，将主文字的字间距稍微调整得小一些，让主文字看起来更紧凑。

然后使用钢笔工具或形状工具画出路径，再使用文字工具在路径上单击，即可输入上半圈的路径文字，如图9-20所示。

图9-20

提示 ⚡

除了输入横排或竖排文字，使用文字工具还可以沿着一定的路径来输入文字，如环形文字、曲线文字等。在Ps中，使用钢笔工具和形状工具都可以创建路径。

同理，制作出下半圈的文字。输入文字后，可以看到下半圈文字绕路径的外围显示。如果想将文字向圆形内部移动，需要在选中文字工具的状态下，按住Ctrl键，当鼠标光标出现箭头时，将文字向圆形路径内拖曳，文字就移动到圆圈内了，如图9-21所示。

退出文字工具的状态，再调整一下文字的细节，增加装饰元素，本案例就完成了。

图9-21

打开"每日设计"App，搜索关键词SP030901，即可观看文字工具案例的详细教学视频。

5.快速制作霓虹灯文字

Ps的文字工具与其他工具结合使用，可以打造出很多惊艳的效果。使用文字工具结合图层样式，可以制作出各种特效字，图9-22所示的特效字都可以运用文字工具和图层样式来制作。

本案例将带领读者一起制作霓虹灯文字。

图9-22

输入文字

打开图9-23所示的背景图片，使用文字工具输入文字，然后调整字体、字号和颜色，并将文字调整到画面中合适的位置，如图9-24所示，按Esc键退出文字工具状态。

图9-23　　　　　　　　　　　　　　　　　　　　图9-24

添加外发光效果

双击文字图层，打开"图层样式"对话框，在其中勾选"外发光"选项，更改外发光的颜色、拓展、大小和不透明度。这时发光的灯管效果就完成了，如图9-25所示。

增加光线氛围

最后增加背景的发光氛围。将文字图层复制并栅格化处理。栅格化文字图层的同时也需要栅格化图层样式，再将这个图层转换为智能对象，并将这个图层调整到原来文字图层的下方。选中复制的文字图层，执行"滤镜-模糊-高斯模糊"命令，将模糊的半径尽量调整得大一些，让光更柔和。到这里霓虹灯特效字效果就完成了，如图9-26所示。

图9-25 图9-26

 打开"每日设计"App，搜索关键词SP030902，即可观看霓虹灯文字案例的详细教学视频。

6.快速制作炫彩流动文字

除了结合图层样式，使用文字工具结合液化工具也能打造出酷炫的文字效果，图9-27所示的流动混色字体就是使用文字工具和液化工具打造的。

处理背景并输入文字

新建文档，在文档中置入图9-28所示的背景素材，将其调整到合适的大小和位置后，栅格化背景素材图层。注意，想要做出流动混色的文字效果，需要选择一张颜色较鲜艳、对比度较大的图片作为背景。复制一个背景素材图层备用，将原图层隐藏起来。使用文字工具，在画面中央输入文字"happy"，更改文字的字体、字号等。

图9-27 图9-28

将背景素材上文字选区内的像素复制出来

　　将文字放到背景素材中多个颜色交界的地方，并将其创建成选区。选中复制出来的背景素材图层，添加图层蒙版，将背景素材图层移动到文字图层的上方，隐藏原来的文字图层，这样带有背景图案的文字就做出来了，如图9-29所示。将该图层复制三份备用。

液化文字图层

　　将复制出来的三个文字图层转换为智能对象，并将这三个图层创建为一个图层组。这三个图层分别用来打造三种不同的细节效果。

　　第一个图层用来实现颜色混合的效果。选中图层后，执行"滤镜-液化"命令，对字体进行涂抹变形，使文字笔画上的颜色产生混合效果。涂抹时，可以根据文字笔画的粗细来调整画笔的粗细。第二个图层用来实现颜料溢出的效果，使用液化工具在一些连笔的位置对文字进行调整。第三个图层用来实现连笔的效果，使用液化工具增加液体流下来的痕迹。文字调整后整体效果如图9-30所示。

图9-29

图9-30

处理背景图层

　　给背景素材图层增加一个曲线调整图层，将整个背景压暗，这样可以增强文字和背景之间的对比。选中背景素材图层，执行"滤镜-模糊-高斯模糊"命令，得到一个与文字色系接近的渐变风格背景。

增加装饰文字

　　为了突出文字的效果，还可以继续对文字进行调整，如给文字增加一个曲线调整图层压暗整体色调，再增加一个亮度/对比度调整图层，突出文字的效果。最后选中文字图层组，使用移动工具移动到画面的中心，再在文字的下方加入装饰文字即可完成本案例的制作。

打开"每日设计"App，搜索关键词SP030903，即可观看炫彩流动文字案例的详细教学视频。

7.快速制作图文穿插的动感Banner

将人物穿插于文字之中，可以创造出立体感、空间感强的作品。下面将制作图9-31所示的案例，本案例中主要使用文字工具和图层蒙版功能。

输入文字

打开背景图片，使用文字工具逐个输入大写字母"K""E""E""P"。再给每一个字母图层添加图层蒙版，使用渐变工具，打造字母层叠的效果，案例效果如图9-32所示。

图9-31

图9-32

制作文字与人穿插的效果

使用文字工具，输入"RUNNING"，再利用蒙版做出人物腿部在文字上方的效果。给"RUNNING"图层增加图层蒙版，使用画笔工具，在蒙版上进行涂抹，用黑色画笔将人物的腿部部分涂抹出来。操作时可以放大图片，并随时切换画笔的颜色（黑色和白色），仔细调整腿部边缘细节。

调整好腿部细节后，新建图层并使用画笔工具添加腿部在文字上的阴影，使穿插效果更逼真。用黑色画笔涂抹出阴影的范围后，通过剪贴蒙版将阴影部分调

整到文字上方，调整阴影图层的不透明
度，让阴影看起来更加自然，效果如图
9-33所示。

增加圆形装饰

　　最后添加两个虚线的圆作为装饰，
并使用蒙版将人物和文字遮挡圆的部分
擦除，使圆看起来位于背景的上方、文
字和人物的下方。这样整个案例就完
成了。

图9-33

　　　　　　打开"每日设计"App，搜索关键词SP030904，即可观看图文穿插
的动感Banner的详细教学视频。

训练营8：旅行Banner设计

使用提供的素材完成旅行Banner设计。

核心知识点 文字工具的使用、文字的变形、文字与图形的结合、文字的段落设置、图文排版等

图像大小 1065像素×390像素

背景颜色 背景素材

颜色模式 RGB模式

分辨率 72像素/英寸

训练要求

（1）使用提供的背景素材设计一个旅行Banner（背景必须使用提供的素材）。

（2）作业需要符合图像大小、颜色模式、分辨率等要求。

（3）Banner文案内容自定，可使用范本的文案，文案必须包含主标题和一段说明文字。

（4）图文排版整洁美观，主题突出明确。

提供的素材

完成范例

打开"每日设计"App，进入本书页面，在"训练营"栏目可以找到本题。提交作业，即可获得专业的点评。

一起在练习中精进吧！

图形工具组：从简单图形到复杂图标

 每日设计

在工作中有时需要绘制一些简单的图形或图标，使用Ps的图形工具结合布尔运算就可以轻松完成。

本课将从图形工具基础的布尔运算讲起，结合实操案例，帮助读者快速掌握简单图形的绘制，再循序渐进讲解线性图标、扁平化图标和轻质感图标的绘制，让读者掌握主流图标的绘制方法。

1.图形的"加、减、乘、除"

使用图形工具组的工具可以直接绘制简单的图形，通过布尔运算将简单的图形进行组合，可以绘制出各种复杂的图形或图标。

图形工具组位于工具箱中，包括矩形工具、圆角矩形工具、椭圆工具、多边形工具、直线工具和自定形状工具，如图10-1所示。这些工具可绘制的图形如图10-2所示。选择不同的图形工具，并按住Shift键进行绘制，可以得到正方形、圆角正方形、圆形、正多边形和直线等，如图10-3所示。

在选择自定形状工具时，可以在属性栏上的"形状"旁，单击向下按钮 ✓，在弹出的下拉列表中选择更多不同的图形，如图10-4所示。

在Ps中需要通过布尔运算来组合图形。布尔运算是指两种或两种以上的图形进行并集、差集和交集的运算。Ps中有四种运算方式，分别是合并形状、减去顶层形状、与形状区域相交和排除重叠形状，如图10-5所示。

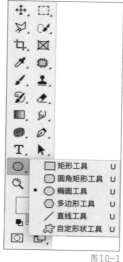

图10-1

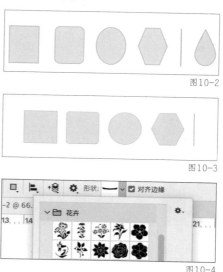

图10-2

图10-3

图10-4

173

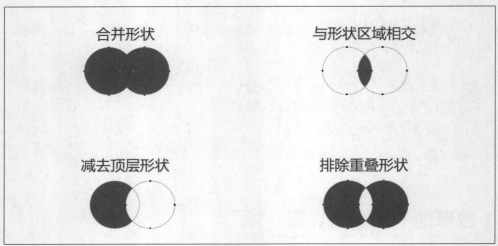

图10-5

布尔运算的位置

在工具箱中选中图形工具、路径选择工具、直接选择工具或钢笔工具都可以在属性栏上找到布尔运算。它位于"路径操作"按钮 的下拉列表中，如图10-6所示。

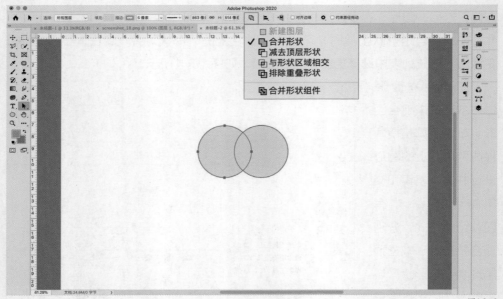

图10-6

布尔运算的使用方法

第一，两个图形需要在同一个图层中。如果图形分别在不同图层上，可以按

Shift键选择两个图层，再按快捷键Ctrl+E进行合并图层，如图10-7所示。

　　第二，用路径选择工具选中需要进行布尔运算的图形。进行布尔运算的两个图形需要有重叠的部分。用路径选择工具选择图形，将它移动到另一个图形上，使它们产生重叠的部分，这样的话就得到了一个新的图形，布尔运算在默认的情况下是合并形状，如图10-8所示。

　　第三，选择布尔运算方式，得到组合图形。选择最上方的图形，在属性栏上单击"路径操作"按钮，选择减去顶层形状，如图10-9所示。

> **提示** ⚡
> 　　路径选择工具选择的图形一定要位于其他图形的上方，才能进行布尔运算的操作。

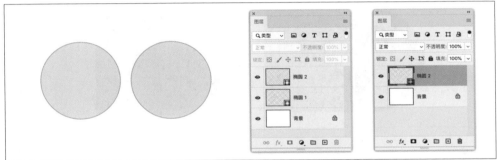

图10-7

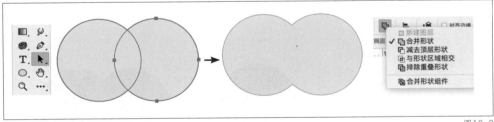

图10-8

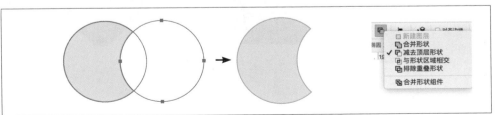

图10-9

图形的基础操作——合并形状

合并形状是指两个图形相加得到新图形，如图10-10所示。

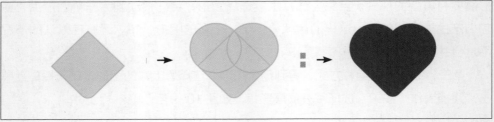

图10-10

第一步，绘制图形并调整位置。分别绘制正方形和圆形，用路径选择工具移动圆形，使圆形的直径与正方形的一条边重叠，且圆形的直径与正方形的边长要相等，按照此方法再复制一个圆形到正方形的另一条边上，如图10-11所示。

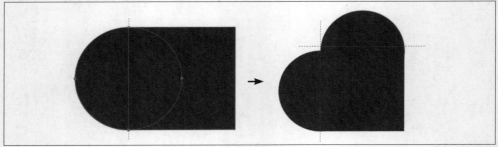

图10-11

第二步，设置正方形的一个直角变为圆角，并将图形转正。用路径选择工具选择正方形，单独设置一个角的参数。合并图层，用自由变换功能旋转图形，如图10-12所示。

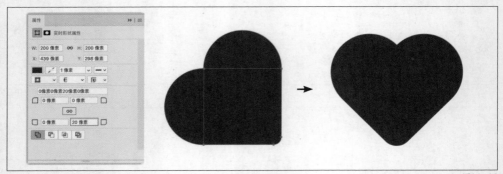

图10-12

提示 ⚡

调整图形大小

如果绘制的圆形直径小于正方形的边长，可以用路径选择工具选中圆形，按快捷键Ctrl+T进行自由变换，直到圆形的直径与正方形的边长相等。完成操作后，需要按快捷键Ctrl+ +放大画布查看细节。如果圆形直径没有与正方形边长贴合，则需要继续调整。因为在绘制图标时，要求图形非常精确，所以要经常放大画布来操作细节。

图形的基础操作—— 减去顶层形状

放大镜图标的圆环用到了"减去顶层形状"的操作，即大圆减去小圆得到圆环，如图10-13所示。

图10-13

第一步，制作圆环。绘制大小两个圆形，将小的圆形图层置于大的圆形图层的上方，将两个图层居中对齐，再合并图层。用路径选择工具选择小的圆形，在属性栏中设置布尔运算的属性为"减去顶层形状"，如图10-14所示。

第二步，制作手柄。分别绘制一个长圆角矩形和两个小圆角矩形，使它们与圆环居中对齐，两个小圆角矩形的位置要正好与圆环相切。将"路径操作"设置为"减去顶层形状"，如图10-15所示。

图10-14

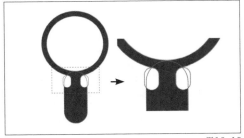

图10-15

第三步，完善手柄。在手柄上方绘制一个矩形，将"路径操作"设置为"减去顶层形状"，减掉圆角矩形多余的地方。复制粘贴长圆角矩形，用自由变换功能调整长短完善手柄，最后旋转图形使放大镜倾斜45°，如图10-16所示。

图10-16

图10-17

图10-18

图10-19

用图形工具或钢笔工具绘制图形时，可以在属性栏上选择工具模式，其下拉列表中有"形状""路径"和"像素"三个选项，如图10-20所示。在绘制图标时要选择"形状"选项。

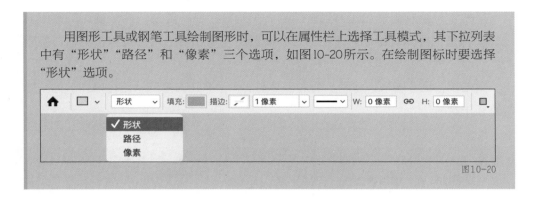

图10-20

图形的基础操作——与形状区域相交

信号图标使用了两个图形相交，只显示形状相交区域的制作方式，如图10-21所示。

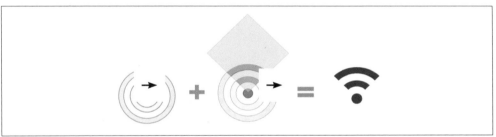

图10-21

第一步，制作圆环和圆心。用制作放大镜图标中圆环的方法制作两个圆环，最后绘制一个小圆。注意，圆形之间要居中对齐。

第二步，完成图标的形状。绘制一个正方形并旋转45°，将其下端一角对齐圆心。将所有图层合并，选中正方形，设置"路径操作"为"与形状区域相交"。

图形的基础操作——排除重叠形状

排除重叠形状是只显示两个图形相交以外的区域，如图10-22所示。

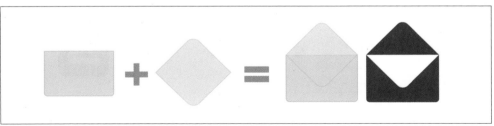

图10-22

第一步，绘制矩形和正方形。绘制一个矩形，在"属性"面板设置矩形下方的两个直角为圆角。绘制一个正方形，设置左下角和右上角为圆角，再将其旋转45°。

第二步，组合图形。将两个图形合并图层，设置正方形的"路径操作"为"排除重叠形状"。

提示 ⚡

正着画图形，最后再旋转

如果图形需要设置圆角，需要在不变形、不旋转的前提下进行设置。如果图形旋转后再设置圆角，那么"属性"面板就不能设置该参数了。

打开"每日设计"App，搜索关键词SP031001，即可观看图形的布尔运算的详细教学视频。

2.快速做图标，还需要这两个小技巧

在绘制图形时，还经常使用两个功能——剪贴蒙版和多重复制。下面通过两个案例来讲解其操作方法。

剪贴蒙版

在使用剪贴蒙版时，必须有至少两个图层。剪贴蒙版的作用是下面的图层显示形状，上面的图层显示内容，如图10-23所示。

图10-23

第一步，绘制圆角矩形。分别绘制一个圆角矩形和一个细长的圆角矩形，两个图形水平居中对齐，再合并图层。选择细长的圆角矩形，设置"路径操作"为"减去顶层形状"。按Alt键复制一个细长的圆角矩形，形成一个等号，如图10-24所示。

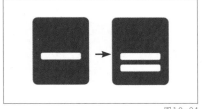

图10-24

第二步，制作折叠形状。绘制一个正方形，将四个直角设置成圆角，然后复制图层，将复制出来的图形旋转45°，把它放在圆角矩形的右上角，并与圆角矩形图层合并。选择倾斜的圆角正方形，设置"路径操作"为"减去顶层形状"，如图10-25所示。

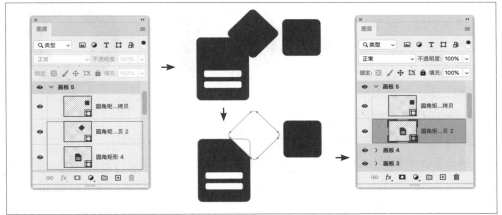

图10-25

第三步，剪贴蒙版。选择圆角正方形图层，单击鼠标右键，在弹出的菜单中选择"创建剪贴蒙版"选项，设置填充颜色为浅灰色。用路径移动工具调整其位置，使正方形的形状刚好与折角的两个点相交，如图10-26所示。

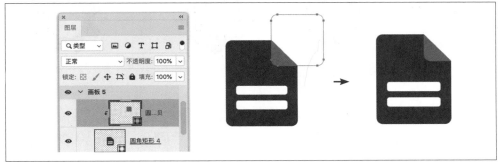

图10-26

多重复制

多重复制功能非常实用，在绘制图标时会经常用到，如图10-27所示。但它的操作有些复杂，要用到很多快捷键，初学者需要反复练习才能熟练掌握。

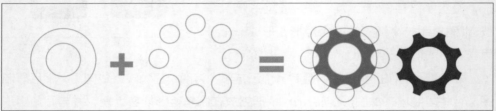

图10-27

第一步，制作圆环。绘制大小两个圆形，将其居中对齐，选择小圆，设置"操作路径"为"减去顶层形状"，如图10-28所示。

第二步，指定圆心。选择小圆，分别在上方标尺和左边标尺拖曳参考线，参考线相交在小圆的圆心处，如图10-29所示。

图10-28

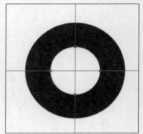
图10-29

第三步，多重复制。绘制一个小圆，放在大圆上。将小圆进行自由变换，将旋转中心定义为圆环中心，并进行旋转。退回上一步操作，按快捷键Ctrl+Alt+Shift+T进行多重复制，如图10-30所示。

第四步，布尔运算。合并所有图层，选择八个小圆，设置"路径操作"为"减去顶层形状"，如图10-31所示。

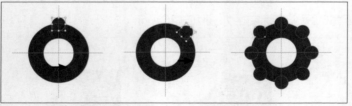
图10-30

图10-31

打开"每日设计"App，搜索关键词SP031002，即可观看剪贴蒙版和多重复制的详细教学视频。

3.新手必学的三种线性图标

　　线性图标是以线条为主的图标类型，其与面性图标的区别可以简单理解为面性图标的填色范围比较大。线性图标不需要填色，只需要对线段进行描边，如图10-32所示。根据图标不同的角和线的情况又可将线性图标分为直角线性图标、圆角线性图标和断线线性图标，如图10-33所示。下面将通过三个案例分别讲解这三种类型线性图标的绘制方法。

图10-32

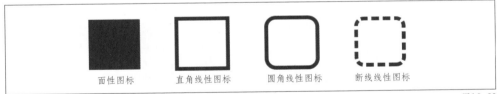

图10-33

直角线性图标

　　第一步，设置描边属性。先对矩形工具的属性进行设置，将"填充"设置为无，"描边"设置为深灰色，"粗细"设置为10像素，描边的"对齐类型"设置为居中，如图10-34所示。

　　第二步，绘制图形。分别绘制一个偏方的矩形、两个小矩形和一条直线，按照图10-35所示的位置摆放。

第三步，输入文字。选择文字工具，输入"1"并设置字体，字体的粗细最好跟描边的粗细差不多，字体颜色与描边相同，将文字转换为形状，如图10-36所示。

第四步，制作折角，处理细节。用钢笔工具按照图10-37所示的位置添加锚点，并删掉多余路径，再用钢笔工具添加路径。

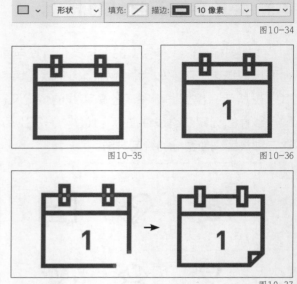

图10-34

图10-35　　图10-36

图10-37

> **提示** ⚡
>
> **删除路径需要注意的地方**
>
> 保证一个形状图层中只有一个图形才能完成案例中的效果。在绘制完图形以后，按Ctrl键，单击画板空白处，退出当前操作，接着绘制下一个形状时，会创建一个新的形状图层。

> **提示** ⚡
>
> **线性图标的粗细设置**
>
> 线性图标的描边粗细对设计效果很重要。本案例设置的描边粗细是10像素，绘制的大小也比较适合。如果将图标放大，相应的描边也会变细，这样图标看起来就会比较单薄。所以绘制大图标时，描边粗细值要设置得大一些；绘制小图标时，描边粗细值要设置得小一些。更改同一版本图标大小时，也需要注意调整相应的描边粗细值，具体的数值根据视觉效果进行调整。

圆角线性图标

第一步，设置描边属性。先对矩形工具的属性进行设置，将"填充"设置为无，"描边"设置为深灰色，"粗细"设置为10像素，描边的"对齐类型"设置为居中。

第二步，绘制圆角矩形。用圆角矩形工具按照图10-38所示绘制圆角矩形，三个图形垂直居中对齐。

第三步，删除多余路径。用钢笔工具按照图10-39所示的位置添加锚点，用直接选择工具选择多余路径，按Delete键删除路径。用直线工具绘制两条直线。

图10-38

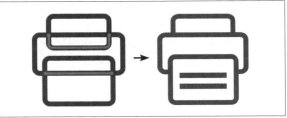
图10-39

断线线性图标

第一步，设置描边属性。先对椭圆工具的属性进行设置，将"填充"设置为无，"描边"设置为深灰色，"粗细"设置为10像素，描边的"对齐类型"设置为居中。

第二步，绘制圆形，制作断线。绘制一个圆形，用钢笔工具按照图10-40所示添加锚点，再删除多余路径，将描边的端点改为圆点。用钢笔工具从断口处绘制一条直线。

第三步，制作放大镜的细节。绘制圆形，且将大圆和小圆居中对齐，按照图10-41所示添加锚点，再删掉多余路径，将描边的端点改为圆点，将整个图形旋转45°。

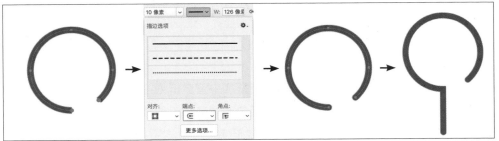
图10-40

图10-41

打开"每日设计"App，搜索关键词SP03l003，即可观看线性图标的详细教学视频。

4.新手必学的四种扁平化图标

扁平化图标是利用不同的颜色堆叠在一起来体现层次感的图标类型。下面将通过四个案例来讲解不同类型扁平化图标的绘制方法。

纯扁平化图标

第一步，制作图标框。绘制一个圆角正方形，设置填充颜色为蓝色；再绘制一个圆角正方形，设置填充颜色为白色；再绘制一个矩形，设置填充颜色为绿色。将三个图形居中对齐，如图10-42所示。

第二步，绘制山和太阳。用钢笔工具绘制山的形状，设置填充颜色为深青色。利用剪贴蒙版把山多余的部分遮挡掉。绘制一个圆形，设置填充颜色为黄色，如图10-43所示。

图10-42

图10-43

渐变图标

渐变图标主要运用图层样式中的渐变叠加来营造折纸的效果。

第一步，制作图标框和地标。绘制圆角正方形，设置填充颜色为米灰色。接着绘制圆形，设置填充颜色为红色，然后使用钢笔工具将圆形改变为倒着的水滴形。再绘制圆形，放在地标的上方，设置填充颜色为米灰色，如图10-44所示。

第二步，制作地图。绘制矩形，设置填充颜色为蓝色，用自由变换的透视功能将其变换为梯形。用钢笔工具绘制白线，并用剪贴蒙版遮挡多余的地方。然后在白线上和地标下绘制圆形作为地图的装饰，如图10-45所示。

第三步，制作图标的折叠效果。在图标的中心位置拉一条参考线，复制地标图层，以参考线为基准切掉一半形状，将得到的形状在"图层"面板上的"填充"设置为0，并设置渐变叠加效果。用同样的方法设置地标下的圆形和地图的渐变叠加效果，如图10-46所示。

图10-44

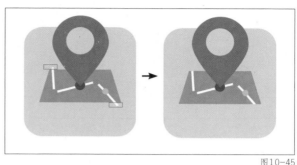

图10-45

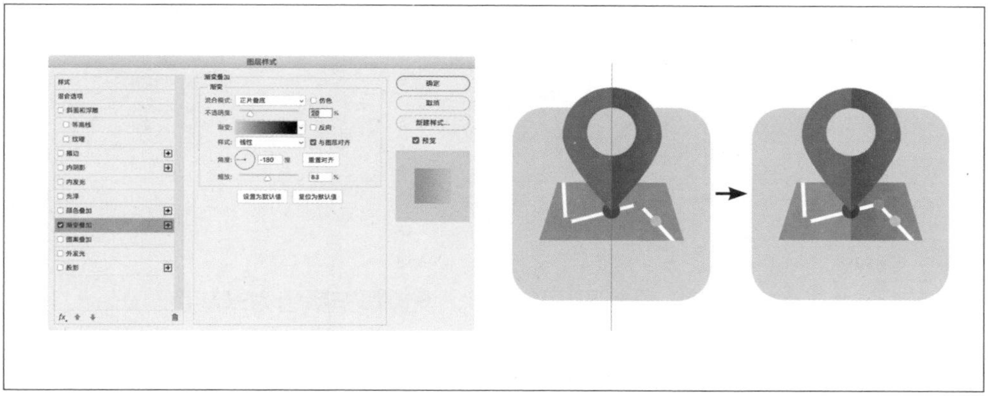

图10-46

短投影图标

第一步，制作图标框。绘制圆角正方形，设置填充颜色为绿色。

第二步，制作白色圆角矩形框。绘制圆角正方形，设置描边颜色为白色。用矩形工具绘制两个矩形，并将其与白色圆角矩形框居中对齐，作为添加锚点的辅助图形。用钢笔工具按照两个矩形框的位置添加锚点，并删掉多余路径，将描边的端点改为圆点，隐藏辅助图形，如图10-47所示。

第三步，制作小方框。绘制圆角正方形，设置描边颜色为红色，如图10-48所示。

第四步，制作短投影。用图层样式为白色圆角矩形框和小方框制作投影。在设置参数时，投影的不透明度和距离不宜过大，"不透明度"设置为20%，"角度"设置为90度，"距离"设置为10像素，如图10-49所示。

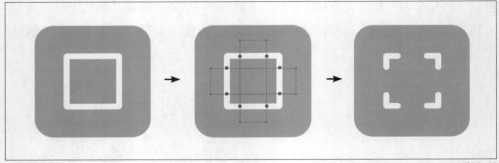

图10-47

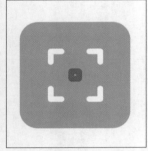

图10-48

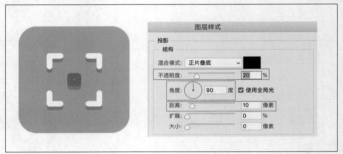

图10-49

长投影图标

第一步，制作图标框。绘制圆角正方形，设置填充颜色为米灰色。

第二步，制作热气球。绘制一个圆形，设置填充颜色为深青色。继续绘制一个椭圆形，设置填充颜色为白色。再绘制一个椭圆形，设置填充颜色为深青色。调整三个图形的大小，使其直径相等。绘制一个小圆角矩形，设置填充颜色为红色，如图10-50所示。

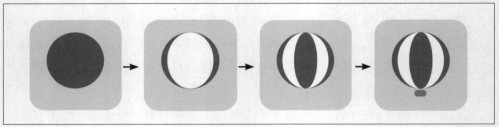

图10-50

第三步，制作长投影。用钢笔工具分别沿着小圆角矩形和热气球的边缘绘制图形，并将图层置于它们的下方，降低其不透明度。长投影的位置要刚好与图形相切，这样看起来才自然。最后用剪贴蒙版将多余的投影隐藏掉，如图10-51所示。

图10-51

打开"每日设计"App，搜索关键词SP031004，即可观看扁平化图标的详细教学视频。

5.配合图层样式制作轻质感图标

本案例主要训练图形工具与图层样式的综合运用，图10-52是图标的完成效果。这个图标主要运用的图层样式是斜面和浮雕、渐变叠加、内阴影和投影等。

图10-52

制作图标框

新建尺寸为1024像素×768像素的文件，绘制一个圆角正方形，设置填充颜色为深灰色。接着，用图层样式的"斜面和浮雕"效果来体现图形的立体感，样式设置为"内斜面"。在设置高光和阴影时，参数的数值要设置得相对小一些，在20%~30%即可，这样高光和阴影的效果不会太突兀，如图10-53所示。

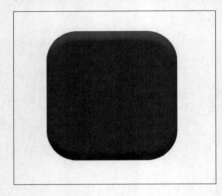 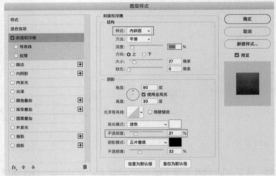

图10-53

制作凸起的圆环

绘制一个圆环，并将其放在圆角正方形的中心位置，设置其图层样式为"斜面和浮雕"，将样式改为"枕状浮雕"。接着复制圆环，将斜面和浮雕的效果删除，添加渐变叠加效果，渐变颜色由深到浅，这样就得到了一个外面是凸起而里面是内陷的圆环效果，如图10-54所示。

图10-54

制作时钟的盘面

复制圆环图层，把图层样式的效果删掉，用路径选择工具，选择外面的圆形，按Delete键删除，设置"路径操作"为"合并形状"。接着为这个圆形填充由浅到深的渐变颜色。因为圆形处于凹陷的位置，所以需要用内阴影添加一圈暗色，如图10-55所示。

制作时钟的时间点

用路径选择工具选中一个圆形，拉出两条参考线，确定圆心位置。按照图10-56所示的位置先绘制一个圆点，并运用"多重复制"让圆点围绕圆心一周。合并圆点图层，再复制该图层，只留下上、下、左、右四个圆点，删除其他圆点，为剩下的圆点添加描边，使其看起来略大。

图10-55

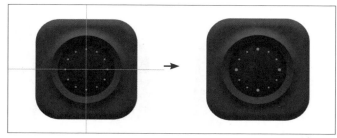

图10-56

制作时针和分针

用矩形工具绘制一个矩形，将矩形上方的两个直角设置为圆角，把图形移到中心位置，用内阴影和投影制作图形的立体效果。设置好以后，复制该图层，用自由变换功能拉长并旋转图形，将其调整为分针。绘制一个圆形，使其大小刚好能挡住时针和分针的交叉点，然后用渐变叠加、内阴影和投影为圆形添加立体效果，如图10-57所示。

制作秒针

分别绘制一个圆形和矩形，在矩形的短边中心位置添加一个锚点，再删掉左右两边的锚点，使其变为尖角。将两个图形居中对齐并合并图层，旋转其角度，再添加投影，如图10-58所示。

图10-57

图10-58

制作图标的投影

复制圆角正方形图层，并将其图层样式删除，用高斯模糊和动感模糊对图形作模糊处理，使投影有一个由深到浅的颜色变化，然后调整投影的位置和大小。接着，为图层添加图层蒙版，用渐变工具由下至上拖曳一个由黑色到透明的渐变，使投影的显示范围缩小。再复制一遍未被模糊的圆角正方形图层，为该图形添加投影，让投影更有层次，如图10-59所示。

图10-59

制作图标的背景

单击"图层"面板下方的"创建新的填充或调整图层"按钮 ◉，选择"渐变"选项，根据正上方的光源方向，设置一个由浅到深的灰色，如图10-60所示。

图10-60

打开"每日设计"App，搜索关键词SP031005，即可观看轻质感图标的详细教学视频。

训练营9：绘制第三方图标

核心知识点 图形工具和图层样式的使用

图像大小 800像素×600像素

颜色模式 RGB模式

分辨率 72像素/英寸

训练要求

（1）掌握第三方图标的特点并进行改变。

（2）图标风格要统一。

（3）需要绘制图中四个互联网产品的第三方图标。

完成范例

 打开"每日设计"App，进入本书页面，在"训练营"栏目可以找到本题。提交作业，即可获得专业的点评。
一起在练习中精进吧！

时间轴：让创意动起来

每日设计

使用Ps除了可以处理静态图片、创作平面作品，还可以制作动态作品，如动态表情包和简单的视频等。Ps中制作动画与视频的工具就是时间轴，掌握了时间轴的用法，我们就可以轻松地让创意动起来。

1.一分钟学会制作动态表情包

在互联网时代，动态表情包逐渐在社交工具中变得不可或缺。在社交之外，动态表情包也渐渐在运营工作中发挥作用，如在微信公众号的文章中我们可以使用动态表情包来增强趣味性，拉近与读者的距离，如图11-1所示。在商品的详情页中我们可以将商品融入动态表情包中，打造生动的使用场景，甚至在视频中我们也可以使用动态表情包来活跃气氛。

因此，这一节我们先通过一个案例快速掌握动态表情包的制作。

动态表情包使用的是Ps时间轴的创建帧动画功能。在讲解帧动画的创建前，首先需要理解帧的概念。很多人小时候读过的翻页的小人书其实就是一种帧动画，如图11-2

图11-1

所示。翻页动画中每一页的画面其实就相当于帧动画的一帧。帧动画就是通过连续播放多个静态画面而形成的动画效果。好了，下面我们开始制作吧。

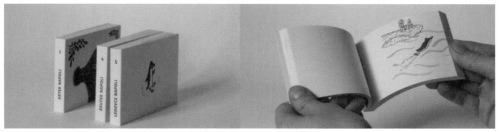

图11-2

这里我们需要制作的是一个女生戴着拳套挥拳打向一个男生的脸上的动态表情包，如图11-3所示。

制作帧动画一般需要先制作出帧动画每一帧的画面，再在"时间轴"面板上创建帧动画和调整效果。本案例中后续制作的图层主要用来增加画面中的打击感和动感。

图11-3

打开"每日设计"App，搜索关键词SP031101，即可观看表情包的动态效果。

在Ps中打开原图，按快捷键Ctrl+J复制背景图层。将复制的背景图层转换为智能对象，执行"滤镜－风格化－风"命令，在弹出的对话框中"方法"选择"飓风"，风的"方向"选择"从右"，效果如图11-4所示。

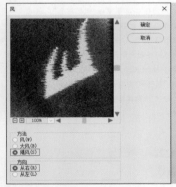

图11-4

双击这个图层，打开"图层样式"对话框，取消勾选"高级混合"中"通道"的红色通道和蓝色通道，如图11-5所示。

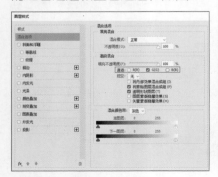

图11-5

使用同样的方法制作下一个图层，操作的区别是风的"方向"改为"从左"。这样第二帧和第三帧的画面就做出来了，这两帧是为了增加打击的颤动感。

第三个图层需要为画面增加冲击感。再复制一个背景图层，将其调整到所有图层的最上方。然后创建一个渐变映射的调整图层，将渐变映射调整为从红色到白色，再将其转换为剪贴蒙版，如图11-6所示。再使用自由变换功能将画面放大。放大画面同样可以形成冲击感。

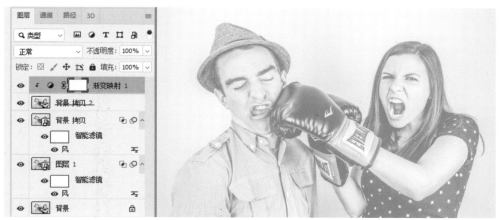

图11-6

当每一帧的画面完成后，就可以开始制作动画效果了。

执行"窗口－时间轴"命令，调出"时间轴"面板。在初始状态下，可以从中找到"创建视频时间轴"和"创建帧动画"两个选项，如图11-7所示。这里我们选择"创建帧动画"即可。

图11-7

在"图层"面板中先保留背景图层，隐藏其余的图层，然后在"时间轴"面板中单击"创建帧动画"按钮，将背景图层创建为第一帧，如图11-8所示。

再复制出第二帧，选中第二帧，将制作的第二个图层显示出来，改变第二帧的画面。使用同样的操作创建出第三帧和第四帧，如图11-9所示。

图11-8

图11-9

提示 ⚡

打开"时间轴"面板后，单击"创建帧动画"按钮，系统将自动创建帧动画的第一帧。如果想要创建第二帧，单击"复制所选帧"按钮 ⊞，系统会将选中的帧复制出来。帧动画状态下的"时间轴"面板中的各项功能如图11-10所示。

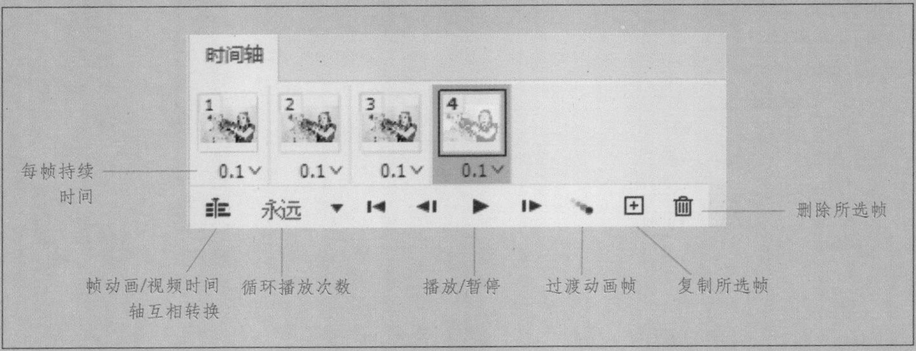

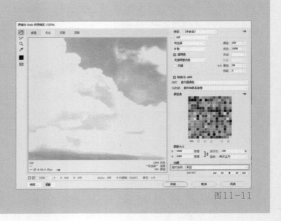

图11-10

最后，复制第一帧并将其作为最后一帧，然后调整每一帧的时间和画面跳转的细节，让动画过渡得更自然，导出GIF文件，本案例就完成了。

提示 ⚡

想要输出帧动画文件，需要执行"文件-导出-存储为Web所用格式"命令，在弹出的对话框中设置文件格式为GIF格式，然后导出文件。如果想要导出循环播放的帧动画，需要在对话框的"循环选项"中选择"永远"，如图11-11所示。

图11-11

打开"每日设计"App，搜索关键词SP031102，即可观看制作动态表情包的详细教学视频。

2.Ps也能剪视频

很多人知道使用Ps可以制作动态图片，但很少有人知道使用Ps还可以制作简单的视频。

想要用Ps剪视频，我们需要掌握"时间轴"面板的视频时间轴功能。

不同图层对应的时间轴属性

打开视频时间轴演示文件，执行"窗口－时间轴"命令，打开"时间轴"面板，单击"创建视频时间轴"按钮，视频时间轴就创建出来了。在视频时间轴上，一个图层对应一个时间轴，如图11-12所示。

时间轴可以放大缩小，便于进行更精准的操作。单击图层前的指向按钮"〉"，即可出现不同属性，这些属性可以制作的常用动态效果包括位置的变化、不透明度的变化、样式的变化和形状变换。

图11-12

位置

在新建的画布上方绘制一个矩形，创建视频时间轴，打开矩形图层的"动作属性"菜单，在"位置"一栏单击"启用关键帧动画"按钮，创建第一个关键帧，然后把时间线调到想要的位置，将矩形调整到画布下方，创建出第二个关键帧即可完成矩形从上至下位置变化的动作，效果如图11-13所示。

图11-13

不透明度

用同样的矩形来制作不透明度的变化效果。在时间轴的初始位置单击"不透明度"一栏上的"启用关键帧动画"按钮，创建第一个关键帧，然后把时间线调到想要的位置，更改矩形的不透明度，创建出第二个关键帧即可完成矩形不透明度变化的动作，效果如图11-14所示。

图11-14

样式

用同样的矩形来制作样式的变化效果。设置好矩形的初始外发光效果后，在时间轴的初始位置单击"样式"一栏上的"启用关键帧动画"按钮，创建第一个关键帧，然后把时间线调到想要的位置，更改矩形的外发光参数，创建出第二个关键帧即可完成矩形样式变化的动作，效果如图11-15所示。

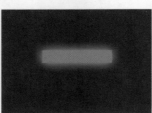

图11-15

变换

在视频时间轴中，只有智能对象可以进行形状的变换，所以需要将矩形转化为智能对象。在时间轴的初始位置单击"变换"一栏上的"启用关键帧动画"按钮后，通过多次变换矩形形状和调整时间，即可创建多个关键帧。这样，矩形形状变换的动作就完成了，效果如图11-16所示。

图11-16

灵活运用这些动作属性，就可以在Ps里面制作很多有趣的动画效果。

过渡效果

在视频时间轴中可以设置动画的过渡效果。过渡效果指的是元素与元素之间的过渡效果。如给文字图层设置过渡效果后，它就会在背景上缓慢地出现。设置过渡效果的方法是选中想要的过渡效果后，将其拖曳至时间轴上，如图11-17所示。

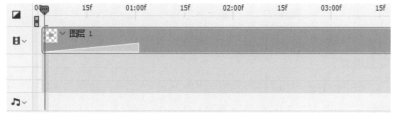

图11-17

提示 ⚡

过渡效果只有在导出视频格式文件时有效，导出GIF格式时，过渡效果是无效的。

过渡效果中还可以调整过渡的时间长短，调整的方法是选中过渡效果并拖曳过渡效果块的长度。如果想要删除过渡效果，选中过渡效果，单击鼠标右键，在弹出的菜单中单击"删除"按钮即可。

设置视频的时间

整个视频的时长在时间轴上受图11-18所示的两个控点控制，通过调整这两个控点可以调整视频的时长。

图11-18

调整视频的播放速度

利用视频时间轴除了可以制作简单的动画效果，还可以做简单的视频剪辑和调色。在Ps中打开视频文件，在"时间轴"面板上单击视频对应的时间轴末端的按钮 ，即可调整视频的播放速度，如图11-19所示。

图11-19

视频剪辑

按空格键可以开始或暂停播放视频。当视频播放到需要剪辑的地方时，可以单击"在播放头处拆分"按钮 ，对视频进行拆分，如图11-20所示。视频被拆分后，可以选中不需要的片段并按Delete键删除，删除片段前后的两段视频将自动连接起来，这样就实现了简单的剪辑。

图11-20

视频调色

在Ps中还可以对视频进行调色，调色的方法跟图像的调色一样，都是使用调整图层来实现。以给视频提升亮度和对比度为例，在"图层"面板上增加一个亮度/对比度的调整图层，适当地增加亮度和对比度的数值即可，效果如图11-21所示。

图11-21

利用这个方法还可以给视频制作渐变的调色效果。首先在"图层"面板上增加一个黑白调整图层，在视频状态下增加的调整图层，系统会默认将其设置为剪贴蒙版。在剪贴蒙版的状态下，无法调整黑白调整图层在时间轴上的位置，所以需要先将剪贴蒙版释放出来，剪贴蒙版状态被释放后，在"时间轴"面板上就可以看到黑白调整图层的时间轴了，如图11-22所示。调整黑白调整图层出现的时间，再为其增加渐隐效果，如图11-23所示，视频将呈现从彩色到黑白的渐变。

图11-22

图11-23

输出视频

想要输出视频文件，需要执行"导出-渲染视频"命令，在弹出的对话框中选择视频的格式，如H.264格式等，然后单击"渲染"按钮，即可导出文件，如图11-24所示。

图11-24

打开"每日设计"App，搜索关键词SP031103，即可观看视频时间轴的详细教学视频。

3.一分钟制作短视频片段

学完了视频时间轴的使用方法后，下面我们就通过制作一个简单的视频片段来检验学习成果吧。

这个案例的完成效果如图11-25所示。通过分析我们得知，该视频主要是四个不同的对象依次出现的效果。

图11-25

打开"每日设计"App，搜索关键词SP031104，即可观看短视频片段的完成效果。

新建文档，设置文档名称为"短视频"，尺寸为1000像素×1000像素，分辨率为72ppi，颜色模式为RGB模式，背景选择为黑色或白色。接着打开背景素材，使用移动工具将其置入画布。使用自由变换功能，将背景素材调整到合适的大小和位置，如图11-26所示。

接着制作出现在背景图层后的黑色半透明图层。增加纯色调整图层，颜色选择为黑色，再将这个图层的不透明度调整为40%，效果如图11-27所示。

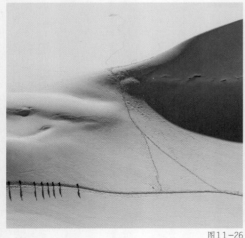

图11-26

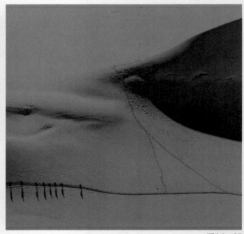

图11-27

　　接着制作两个文字图层。使用文字工具，在画面上分别绘制两个段落文本框，使用提供的文本素材，复制并粘贴对应文字，调整文字的字体、字号、颜色和行距。为了拉开两段文字的层次，将下面的文字设置为粗体，如图11-25所示。

　　最后在"时间轴"面板上单击"创建视频时间轴"按钮，将视频的时长调整为两秒，接着分别调整四个图层出现的时间，再分别给它们增加渐隐效果，导出视频文件完成视频的制作。

　　打开"每日设计"App，搜索关键词SPO31105，即可观看制作短视频片段的详细教学视频。

训练营10：制作镂空效果视频片头

使用提供的素材完成镂空效果片头视频。

核心知识点 创建视频时间轴、增加视频渐隐效果、创建关键帧、剪贴蒙版等

图像大小 视频素材原尺寸

时长 自定

颜色模式 RGB模式

分辨率 72像素/英寸

训练要求

（1）使用视频素材制作带镂空文字效果的短视频，视频需要体现出渐隐和关键帧变化的效果。

（2）视频素材只允许使用提供的素材，文字和其他效果可以自行发挥，但需要保证画面整洁美观。

（3）提交MP4格式文件。

提供的素材

完成范例

打开"每日设计"App，进入本书页面，在"训练营"栏目可以找到本题。提交作业，即可获得专业的点评。

一起在练习中精进吧！

动作和批处理: 一天做100张图的秘密

每日设计

　　在工作中我们难免会遇到紧急且大量的图像处理工作，如一天内处理100张图片甚至更多。面对这样的情况，有的人可能会束手无策，有的人可能需要加班加点才能完成，而掌握了Ps的动作和批处理功能后就能轻松应对这种情况。

　　动作和批处理功能可以减少图片处理中的重复操作，快速完成图片的批量处理，是Ps中真正的效率"神器"。

1.批量改图片尺寸

　　日常工作中经常会遇到大量重复操作的情况，如将图片上传到电商平台时，需要将图片裁成一样的尺寸，或在处理画册图片时，需要将图片调整成统一的颜色风格，还有给图片统一加水印等。在处理的图片数量较少时，当然可以一张一张地操作，但图片的数量很多时，逐张操作的效率就太低了。想要一键就可以将同样的操作复制到其他的图片上，就需要用到Ps中的"格式刷"——动作和批处理。

　　下面通过一个案例来讲解如何批量修改图片尺寸。掌握这个案例后，我们就能举一反三地掌握图片批量处理的方法了。

　　首先打开提供的图片素材，如图12-1所示。这几张图片是需要上架商城来展示服装产品的。商城有统一的图片尺寸要求，需要图片的尺寸为1000像素×1000

图12-1

像素，因此需要对每一张图片进行尺寸的调整。因为对每张图片的操作是相同的，所以在这里首先需要制作一个调整尺寸的"动作"。

执行"窗口–动作"命令，打开"动作"面板，单击"创建新组"按钮 ，创建一个动作组，更改组的名称为"电商平台适配"，如图12-2所示。创建新组后，单击"创建动作"按钮，更改动作的名称为"调整尺寸"，单击"记录"按钮，如图12-3所示。

图12-2

图12-3

提示 ⚡

"动作"面板下方的"记录"按钮 变成一个红点时，代表系统已经开始记录动作，如图12-4所示。

执行"图像–画布大小"命令，将图片宽度更改为1920像素，使图片变成正方形，再执行"图像–图像大小"命令，将图片的尺寸更改为1000像素×1000像素。图片修改完成后效果如图12-5所示。执行"文件–存储"命令后，单击"动作"面板上的"停止记录"按钮 ，动作就记录好了，如图12-6所示。

图12-4

图12-5

图12-6

> **提示** ⚡
>
> 如果记录动作的过程中发生误操作，选中"动作"面板中的错误动作，将其删除即可。如果想要重新记录动作，再次单击"动作"面板中的"开始记录"按钮，再次操作即可。

设置好动作后，就可以进行批处理了。执行"文件 – 自动 – 批处理"命令，打开"批处理"对话框，如图12-7所示。在对话框中设置好需要的动作、图片的来源和导出的文件夹等，单击"确定"按钮后系统就开始批处理的操作了。

图12-7

> **提示** ⚡
>
> 进行批处理时，如果需要系统自动存储并关闭处理好的文件，就需要勾选"批处理"对话框中的"覆盖动作中的'存储为'命令"选项。勾选此选项前，需要检查动作中是否包含"存储为"命令。如果动作中未包含"存储为"命令，则需要增加"存储为"动作，否则系统将无法进行自动存储。

2.制作你的专属动作

使用Ps的动作功能可以快速完成大量简单、重复的图片处理工作，如尺寸调整、色调调整、添加滤镜、添加水印等，帮助我们将时间更多地用在有价值的创意工作上。

　　在"动作"面板中记录完动作后还可以将动作保存下来，反复使用。因为存储动作需要存储动作组，所以选中动作组，在"动作"面板的右上角菜单中选择"存储动作"选项，如图12-8所示，然后选择存储位置进行保存即可。

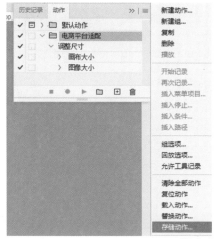

图12-8

　　如果想要在其他电脑上使用这个动作，就需要把动作载入软件。载入动作的方法是单击"动作"面板的右上角菜单，选择"载入动作"选项，在电脑上找到这个动作，单击"载入"按钮即可。

　　在网络上我们也能搜索到其他人分享的Ps动作，下载、载入并使用这些动作，一方面可以帮助我们尝试丰富的图片处理效果，另一方面也可以让我们学习到其他人的图片处理思路，开拓我们的思维。

> **提示** ⚡
> 　保存下来的动作文件的后缀名为atn。

　　　打开"每日设计"App，搜索WZ031201，即可阅读《10个免费的实用PS动作》，了解更多动作的相关知识。

训练营11：批量加水印

核心知识点 动作的设置和编辑、批处理

训练要求

（1）使用动作和批处理功能为提供的50张风景图片增加水印，水印为素材提供的"自然之美LOGO"。

（2）增加的水印大小、移动的位置需要保持一致。

提供的素材

完成范例

 打开"每日设计"App，进入本书页面，在"训练营"栏目可以找到本题。提交作业，即可获得专业的点评。

一起在练习中精进吧！